深化生态文明体制改革 建设美丽广东

改革再造一个新广东系列丛书

中共广东省委党校（广东行政学院）编
蓝 强 主编

SPM 南方传媒 广东人民出版社
·广州·

图书在版编目（CIP）数据

深化生态文明体制改革建设美丽广东 / 中共广东省委党校（广东行政学院）编 ; 蓝强主编. -- 广州 : 广东人民出版社, 2025. 1. -- （改革再造一个新广东系列丛书）. -- ISBN 978-7-218-18267-4

Ⅰ. X321. 265

中国国家版本馆 CIP 数据核字第 2024MK7183 号

SHENHUA SHENGTAI WENMING TIZHI GAIGE JIANSHE MEILI GUANGDONG

深化生态文明体制改革建设美丽广东

中共广东省委党校（广东行政学院） 编

蓝 强 主编

出 版 人： 肖风华

出版统筹： 卢雪华

责任编辑： 李宜励

文字编辑： 曾靖怡

责任校对： 陈梓燊

装帧设计： 样本工作室

责任技编： 吴彦斌

出版发行： 广东人民出版社

地 址： 广州市越秀区大沙头四马路 10 号（邮政编码：510199）

电 话：（020）85716809（总编室）

传 真：（020）83289585

网 址： http://www. gdpph. com

印 刷： 广州市豪威彩色印务有限公司

开 本： 889 毫米×1194 毫米 1/32

印 张： 5. 75 **字 数：** 100 千

版 次： 2025 年 1 月第 1 版

印 次： 2025 年 1 月第 1 次印刷

定 价： 35. 00 元

如发现印装质量问题，影响阅读，请与出版社（020-85716849）**联系调换。**

售书热线： 020-87716172

序

党的二十届三中全会是在以中国式现代化全面推进强国建设、民族复兴伟业的关键时期召开的一次十分重要的会议，是在新的历史起点上进一步全面深化改革，推进中国式现代化的总动员、总部署，是对新时代新征程举什么旗、走什么路的再宣示，具有重大的政治意义和深远的历史影响。习近平总书记的重要讲话，深刻阐述了进一步全面深化改革、推进中国式现代化的一系列方向性、根本性重大问题，为进一步全面深化改革提供了根本遵循。全会审议通过的《中共中央关于进一步全面深化改革、推进中国式现代化的决定》，既是党的十八届三中全会以来全面深化改革的实践续篇，也是新征程推进中国式现代化的时代新篇。

广东是改革开放的排头兵、先行地、实验区，必须在进一步全面深化改革中走在前、作表率，更好肩负起在推进中国式现代化建设中走在前列的使命任务。省委始终牢记习近平总书记和党中央的厚望重托，深入领会党的二十届三中全会的战略擘画，深刻把握广东在全国改革发展大局中的责任使命，召开省委十三届五次全会，出台贯彻落实意见，紧紧围绕走在前列的目标要求，聚力更好发挥窗口作用、更好发挥先行示范作用、更好发挥排头兵作用、更好发挥挑大梁作用，对广东进一步全面深化改革作出系统安排，努力展现新气象、干出新作为、谱写新华章。

学习、宣传、贯彻党的创新理论和战略部署是党校的职责使命。为帮助广大党员干部深刻领会党的二十届三中全会精神，深入了解广东改革开放特别是新时代以来的实践探索、全国兄弟省份的创新经验，推动省委十三届五次全会的改革谋划落地落实，省委党校（广东行政学院）集中骨干力量迅速组建 9 个团队，会同广东人民出版社，确定以“改革再造一个新广东”为主题编写学习贯彻党的二十届三中全会精神系列教材，历经多轮研讨打磨，最终成书。系列教材坚持政治性与通俗性相统一、准确性与可读性相统一、整体性与针对性相统一，文风力求鲜明生动、语言力求晓畅明白，有质有文、夹叙夹议，在精准阐释党的二十届三中全会战略部署及省委十三届五次全会工作安排的基础上，既对广东改革开放历史进行总体把握，又分领域分专题进行系统梳理，既充分挖掘展现新时代以来广东的实践探索，又针对性地学习阐释兄弟省份的先进经验，为全省广大党员干部进一步激发艰苦奋斗精神、拓宽创新发展视野、笃定改革前行方向提供有益的学习、参考和借鉴。

理论是灰色的，而生命之树常青。实践发展永不停步，思想引领、理论建设永无止境。今后，我们将始终心怀“国之大者”，聚焦党中央战略部署、省委具体安排，锚定建设全国一流党校奋斗目标，贯彻落实基本培训要求，不断优化课程体系、加强教材建设、创新实践教学，深化教学改革，持续提升教学质量，为广大党员干部坚定理想信念、拓展思维视野、提升理论素养、提高履职能力提供强有力支撑，为广东进一步全面深化改革、在推进中国式现代化建设中走在全国前列作出新的更大贡献。

2024 年 12 月

目 录
CONTENTS

引言　中国式现代化是人与自然和谐共生的现代化

人类的发展史是一部人与自然的关系史。自人类诞生之日起，在与自然相处中，由畏惧自然到模仿自然，再到征服自然、和谐自然，人类与自然的关系几经变换，人类对自然的态度也不断发生变化。随着人类现代化的推进，人与自然深层次矛盾越来越突出。从目前西方主要发达国家采取的路径看，他们享受着现代化带来的优渥生活，却把现代化带来的环境恶果转嫁到其他国家，使地球的整体生态环境逐渐变差。从人类未来发展趋势看，全球超 80 亿人口要实现现代化，如若按照西方现代化的模式，将大大超出地球的承载能力。

2012 年 12 月，习近平总书记在广东考察时指出，“我们建设现代化国家，走美欧老路是走不通的，再有几个地球也不够中国人消耗。中国现代化是绝无仅有、史无前例、空前伟大的。现在全世界发达国家人口总额不到十三亿，十三亿人口的中国实现了现代化，就会把这个人口数量提升一倍以上。走老路，去消耗资源，去污染环境，难以为继！”① 因此，中国在推进现代化过程中必须跳出西方现代化的老路，把生态文明建设融入经济、政治、文化、社会建设的全过程，把生态环境问题控制在本国范围之内，不转移到其他国家，找到一条人类走向现代化的新路，这就是人与自然和谐共生的中国式现代化之路，其目标是建设美丽中国。

建设美丽中国，是中华民族功在当代、利在千秋的根本大计，是全面建设社会主义现代化国家的重要目标。只有实行最严格的制度、最严密的法治，才能为建设美丽中国提供可靠

① 中共中央文献研究室：《习近平关于社会主义生态文明建设论述摘编》，中央文献出版社 2017 年版，第 3-4 页。

保障。党的十八大以来，以习近平同志为核心的党中央把制度建设作为推进生态文明建设的重中之重，从出台《关于加快推进生态文明建设的意见》《生态文明体制改革总体方案》等重要文件，到将“生态文明建设”写入宪法、制定修订多部生态环境法律法规；从高擎中央生态环境保护督察“利剑”，到实施生态补偿制度、河湖长制、林长制等，生态环保法律制度越织越密，生态文明建设有了坚实保障。新时代我国生态文明建设取得举世瞩目的巨大成就，美丽中国建设迈出重大步伐，一个重要的原因是坚持用党纪国法管权治吏、护蓝增绿，让制度成为刚性约束和不可触碰的高压线，保证了党中央关于生态文明建设决策部署落地生根见效。

当前，我国生态文明建设仍处于压力叠加、负重前行的关键期，生态环境保护结构性、根源性、趋势性压力尚未根本缓解，经济社会发展绿色转型内生动力不足，美丽中国建设任务依然艰巨，必须深化生态文明体制改革。为贯彻落实党的二十大作出的“推动绿色发展，促进人与自然和谐共生”，建设美丽中国的战略部署，党的二十届三中全会将“聚焦建设美丽中国”作为“七个聚焦”之一，从“完善生态文明基础体制”“健全生态环境治理体系”“健全绿色低碳发展机制”三个方面提出了深化生态文明体制改革的努力方向和重点任务。

党的十八大以来，习近平总书记多次赴广东考察，每次都正值党和国家事业前进的重要节点，并将“改革开放”与“生态文明”作为关键词贯穿其中。广东作为改革开放的排头兵、先行地、实验区，深入学习贯彻习近平生态文明思想，大力推进生态文明体制改革，提出了推进绿美广东生态建设“六大行动”。为贯彻落实党的二十届三中全会精神，中共广东省委十三届五次全会明确要求“以绿美广东生态建设引领生态文明体制改革，不断满足人民对美好生活新期待”。因而，必须深化生态文明体制改革，全面推进美丽广东建设，努力打造人与自然和谐共生的现代化广东样板。

第一章　完善生态文明基础体制

习近平总书记指出，建设生态文明，重在建章立制[①]。建设美丽中国，最可靠的办法是加快推进生态文明体制改革，用体制改革激发生态文明建设的动力。党的二十届三中全会通过的《中共中央关于进一步全面深化改革　推进中国式现代化的决定》（以下简称《决定》）专门部署了“深化生态文明体制改革”，并首次部署“完善生态文明基础体制”的深化改革任务。

---

① 《习近平著作选读》第 1 卷，人民出版社 2023 年版，第 611 页。

一、精神解读：筑牢建设美丽中国的制度基础

深化生态文明体制改革不是权宜之计，而是谋长远、顾大局的战略安排。自党的十八届三中全会大力推进生态文明体制改革以来，我国生态文明“四梁八柱”性质的制度体系基本形成（如下图所示），为我国生态文明建设发生历史性、转折性、全局性变化提供根本动力和制度保障。但是，生态文明体制、机制和制度体系的根基还不够牢固。因此，亟须完善生态文明基础体制。习近平总书记指出：“只有实行最严格的制度、最严密的法治，才能为生态文明建设提供可靠保障。”① 只有这样，才能筑牢生态文明制度的“四梁八柱”。为此，党的二十届三中全会《决定》主要从革新范式（分区

① 中共中央文献研究室：《习近平关于全面深化改革论述摘编》，中央文献出版社 2014 年版，第 104 页。

域、差异化、精准管控）、查清底数（生态环境监测和评价）、明晰抓手（国土空间用途管制和规划许可、自然资源资产产权管理、环境资源责任考核监督、生态安全协调等）、打造体系（编纂生态环境法典）等方面部署了完善生态文明基础体制的改革任务。这为推动经济社会高质量发展和生态环境高水平保护奠定了坚实的制度基础。

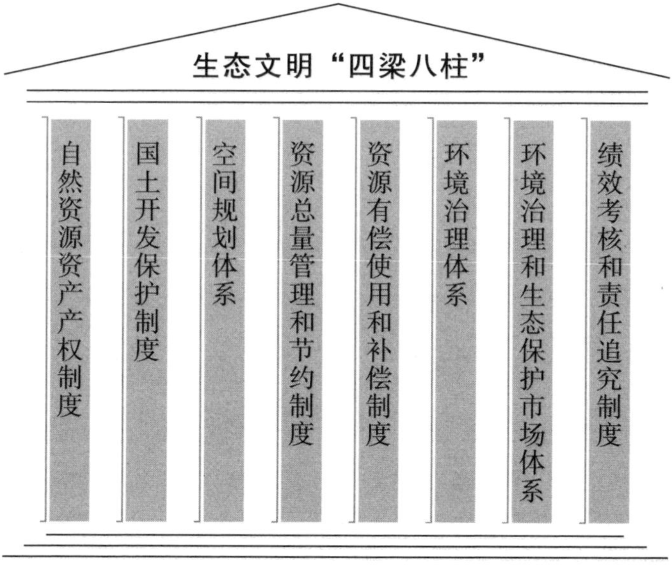

生态文明“四梁八柱”性质的制度体系

（一）实施分区域、差异化、精准管控的生态环境管理制度

习近平总书记强调："生态环境分区管控在生态环境源头预防体系中具有基础性作用，要加强顶层设计、完善制度体系，以保障生态功能和改善环境质量为目标，推动实现生态环境分区域差异化精准管控。"[①] 这一重要论述，为完善全域覆盖的生态环境分区管控体系、加强新时代生态环境分区管控工作指明了科学方向，提供了根本遵循。《决定》进一步指出，实施分区域、差异化、精准管控的生态环境管理制度。

我国幅员辽阔，不同地区的自然条件、承载能力、功能定位差异大，因而，必须防止"一刀切"，因地制宜、因时制宜实现生态环境精准管控。新时代，我国实施的国土空间规划

---

① 《全面推进美丽中国建设　健全自然垄断环节监管体制机制》，新华社 2023 年 11 月 7 日。

“三区三线”① 和生态环境分区管控“三线一单”② 制度，为发展“明底线”“划边框”，为推动绿色发展、促进人与自然和谐共生提供了基础性制度保障。

在前期试点基础上，2024 年 3 月 17 日，《中共中央办公厅　国务院办公厅关于加强生态环境分区管控的意见》公开发布，明确了生态环境分区管控的总体要求、重点任务、监督考核以及组织保障等，为科学指导各类开发保护建设活动提供了行动指南。2024 年 7 月 6 日，

---

① 国土空间规划中的“三区三线”是指农业空间、生态空间、城镇空间三类空间区域，以及分别对应划定的耕地和永久基本农田保护红线、生态保护红线、城镇开发边界三条控制线。其中“三区”突出主导功能划分，“三线”侧重边界的刚性管控，是国土空间用途管制的核心框架。而主体功能区划分为优化、重点、限制和禁止开发区域四类，通过结合国土空间规划，确定不同区域的主体功能、明确开发方向、完善开发政策、控制开发强度、规范开发秩序，逐步形成人口、经济、资源环境相协调的国土空间开发格局。

② “三线一单”，即生态保护红线、环境质量底线、资源利用上线和生态环境准入清单，据此将国土空间分为优先保护、重点管控和一般管控单元三类环境管控单元。

生态环境部印发了《生态环境分区管控管理暂行规定》，加强对“三线一单”生态环境分区管控制度实施和落地应用的指导，筑牢生态优先、绿色发展的底线，强化综合治理、系统治理、精准治理，为实现高质量发展奠定基础。

（二）健全生态环境监测和评价制度

2023 年 7 月，习近平总书记在全国生态环境保护大会上指出，“加快建立现代化生态环境监测体系”[①]，明确了做好新时期生态环境监测工作的总纲领、总方针、总遵循。《决定》进一步指出，健全生态环境监测和评价制度。环境监测是环境监管的“千里眼、顺风耳”。监测准，才能做到“心中有数”，对污染防治有的放矢、对症下药。生态环境监测是生态环境保护的基础，是客观评价环境质量状况、反映污染治理成效、实施环境管理与决策的基本依据。

---

① 习近平：《以美丽中国建设全面推进人与自然和谐共生的现代化》，《求是》2024 年第 1 期。

我国从 20 世纪 70 年代起就开展了生态环境监测评价工作，但长期以来生态环境监测事权主要在地方，各地区监测数据指标不一致、技术力量参差不齐，使得数据的科学性、权威性难以保证，难以解决地方保护主义对环境监测监察执法的干预问题，难以适应统筹解决跨区域、跨流域环境问题的新要求。党的十八大以来，党中央高度重视生态环境监测工作，实施了一系列制度性改革创新，生态环境监测改革有效推进。目前，我国已设立国家、省、市、县四级环境监测机构，对主要污染物实现了分级分层的全方位监测。

健全生态环境监测和评价制度，需要深化生态环境监测评价机制改革创新，以更高标准保证监测数据“真、准、全、快、新”为目标，以科学客观权威反映生态环境质量状况为宗旨，建设天空地海一体化监测网络，推进监测技术数智化转型，加快建立健全现代化生态环境监测体系。

（三）建立健全覆盖全域全类型、统一衔接的国土空间用途管制和规划许可制度

国土空间是建设美丽中国的空间载体，就如同人的居室环境，需要区分客厅、卧室、书房、厨房和卫生间等，让不同的区域承担不同的功能，宜工则工、宜农则农、宜商则商、宜生态则生态，形成各具特色、有机统一的生态大系统。

推进以美丽中国为目标的生态文明建设，必须加强规划引领。规划需要解决的是做什么及不做什么、哪里做及哪里不做、何时做及何时不做、做到什么程度及不可以超越什么程度等一系列问题。我国生态文明建设规划需要解决的突出问题是：生态文明规划与其他规划、上级规划与下级规划之间的衔接问题。解决这一问题的根本办法就是进一步实施将主体功能区规划、土地利用规划、城乡规划等空间规划“多规合一”的制度。

深化“多规合一”改革，需自上而下整体

推进，形成涵盖“五级”（国家、省、市、县、乡镇）、“三类”（总体规划、详细规划、专项规划）的国土空间规划，构建起规划编制审批、实施监督、法规政策、技术标准体系。与此同时，加快国土空间用途管制制度建设，制定实施覆盖陆海空间全域全要素、全国统一的国土空间调查、规划、用途管制用地用海分类标准；统筹划定耕地和永久基本农田保护红线、生态保护红线、城镇开发边界，明确农业、生态、城镇空间用途管制的底线边界；以“多规合一”为基础推动“多审合一”，建立健全覆盖全域全类型、统一衔接的国土空间用途管制和规划许可制度。

（四）健全自然资源资产产权制度和管理制度体系

“公地悲剧”发生根源在于“公物无主”，每个人都想多使用，多占有公共资源而不是保护，结果必然导致公共资源的枯竭、公共空间的恶化，最后每个人都要为之付出代价。基于相关理论，借鉴国际经验，我国突破“公地悲剧”困局的制度创新就是建立健全自然资源资产产权制度和管理制度体系，完善全民所有自然资源资产所有权委托代理机制。这一制度创新的关键在于明晰产权，即在明确自然资源资产产权基础上破题，使“公物有主”。

自然资源资产产权制度是关于自然资源资产归谁所有、归谁使用、由谁获益以及由此产生的责任由谁承担的一系列规定，是自然资源保护管理中最有影响力、不可或缺的基本制度。我国的自然资源资产的广义所有权包括自然资源的狭义所有权、使用权、收益权、处分权等各种权能，因此，它是一组“权利束”。在这组权利束中，使用权可以从广义的所有权中剥离出来，通过委托代理制度实现用水权、用能权、排污权、碳排放权等一系列自然资源资产使用权的市场交易，提高资源配置效率和效益。

市场经济规律告诉我们，市场是资源配置和利用最有效的手段，产权是市场机制发挥作用的前提条件。当前，我国自然资源产权制度初步建立，但还存在着底数不清、权责不明、保护不严等问题，导致产权纠纷多发、资源保护乏力、开发利用粗放等问题。破解这些问题，必须进一步健全全民所有的自然资源产权制度，落实资源有偿使用制度，实行资源总量管理和全面节约制度，在完善产权体系、落实产权主体、调查监测和确权登记、集约开发利用、健全监管体系等方面加快改革步伐，为自然资源的高效合理利用提供产权制度基础。

（五）完善全民所有自然资源资产所有权委托代理机制

全民所有自然资源资产所有权委托代理机制，是指国务院代表国家行使全民所有自然资源所有权，授权自然资源部统一履行全民所有自然资源资产所有者职责，由自然资源部委托省级、地市级政府代理行使部分自然资源资产所有者职责的制度设计。完善委托代理机制旨在解决全民所有自然资源资产产权管理中中央和地方权责不清问题，实现好、维护好、发展好所有者权益，增进人民福祉。

2021 年，我国在全国 31 个省（自治区、直辖市）、新疆生产建设兵团和 134 个地市同步开展委托代理机制试点，针对全民所有的土地、矿产、海洋、森林、草原、湿地、水和国家公园 8 类自然资源资产（含自然生态空间），按照“由谁管——有什么——值多少——怎么管护——如何配置——收益怎么实现——如何监督——对谁负责”管理链条，初步构建起委托代理制度框架。

完善全民所有自然资源资产所有权委托代理机制，必须紧紧围绕建立归属清晰、权责明确、保护严格、流转顺畅、监管有效的自然资源资产产权制度改革方向，抓住履行所有者职责、落实所有者权益这个关键，遵循统一行使、分类实施、分级代理、权责对等的原则，健全相关制度。具体包括完善自然资源清单管理制度，开展自然资源统一确权登记，推进自然资源资产价值实现，完善自然资源资产收益管理，健全自然资源资产考核监督制度，推进自然资源资产法律制度建设等方面。

（六）建立生态环境保护、自然资源保护利用和资产保值增值等责任考核监督制度

以美丽中国建设全面推进人与自然和谐共生的现代化，是一项长期而艰巨的系统工程，必须坚持和加强党的全面领导，坚持生态环境保护“党政同责、一岗双责”不动摇，推动建立地方党政领导干部生态环境保护责任制，形成覆盖全面、权责一致、奖惩分明、环环相扣的责任体系，完善责任追究机制，充分释放激励效应。虽然我国相继出台一系列制度文件，基本构建了生态环境保护责任体系，但仍需聚焦“谁来考核、考核谁、考核什么、怎么考核、结果怎么用、责任如何追究”等关键问题，进一步对生态环境保护考核评价和责任追究制度作出规范。

自然资源是生态文明建设的重要载体，自然资源的保护和利用是生态文明建设的关键。保护是为了更好地发展，生态保护应兼顾生态

价值提升，自然资源应向自然资源资产转变。因此，维护自然资源资产的保值增值，提升自然资源价值是生态文明建设的重要内容，是国家进入新发展阶段的重要要求。亟须构建完善的考核监督制度，引导、规范和约束各类开发、利用自然资源的行为。

考核、评估、监督、问责等机制的运用，有助于督促和倒逼生态环境保护、自然资源保护利用和资产保值增值工作的顺利进行。

（七）完善国家生态安全工作协调机制

2023 年 7 月，习近平总书记在全国生态环境保护大会上指出，进一步完善国家生态安全工作协调机制，健全国家生态安全法治体系、战略体系、政策体系、应对管理体系，提升国家生态安全风险研判评估、监测预警、应急应对和处置能力。[1]《决定》再次强调，完善国家

① 习近平：《以美丽中国建设全面推进人与自然和谐共生的现代化》，《求是》2024 年第 1 期。

生态安全工作协调机制。安全和发展，是一体之两翼、驱动之双轮。守牢美丽中国建设安全底线，是统筹发展与安全，积极有效应对各种生态环境风险挑战的现实需要。

生态安全事关生物安全、环境安全、资源安全、能源安全、气候安全等方方面面。生态安全是国家安全体系建设的重要组成部分，是生态文明建设体系的重要构成。国家生态安全涉及多方面、多部门，需要建立统一高效的国家生态安全工作协调机制，包括应对草原超载、湿地退化、土地沙化、水土流失、水资源短缺、生物多样性保护和环境污染治理等方面。

针对生态安全领域的违法行为，推动跨部门联合执法，形成合力，及时修订和完善相关法律法规，明确生态安全的法律地位、保护原则、责任主体和法律责任等。要认真贯彻总体国家安全观，完善国家生态安全工作协调机制，健全国家生态安全法治体系、战略体系、政策体系、应对管理体系，强化国家生态安全风险研判评估、监测预警等工作，推动加快形成全域联动、立体高效的国家生态安全防护体系。

（八）编纂生态环境法典

改革开放以来，我国生态环境领域已经形成了涵盖30多部法律、100多部行政法规、1000多部地方性法规以及众多国家生态环境标准的生态环境保护法律制度体系，立法成就举世瞩目。但同时也要看到，由于以往生态环境立法采取分散立法模式，缺乏体系化思维，分散于民法、行政法、经济法等法律之中，生态环境方面立法存在重复和不协调等问题，导致法律适用不畅，影响执法效果。

生态环境法典作为生态环境保护领域根本原则和基础性体系性的法律，需要以法典化立法方式对现行的生态环境保护法律制度机制和规则规范进行系统整合、编订纂修、集成升华。编纂生态环境法典，将新时代生态文明建设成果以法律形式确认下来，把绿水青山就是金山银山、共谋全球生态文明建设等理念要求转化为法律制度。

二、广东探索：制度先行推进生态文明建设

党的十八大以来，广东认真贯彻落实党中央关于生态文明基础体制改革的部署，开展生态环境保护责任考核、国土空间用途管制与规划、健全自然资源资产产权制度、推行生态环境分区管控等基础体制建设。

（一）构建评价考核监督制度体系

党的十八大以来，广东认真贯彻落实党中央、国务院重大部署，通过一系列的政策法规建设，将生态文明建设纳入绩效考核，在全国率先构建和完善了生态文明绩效评价考核和责任追究制度体系。

率先构建生态文明绩效评价考核体系。2012年12月，广东印发《广东省环境保护责任考核办法》，针对地级以上城市及佛山市顺德区政府、政府主要负责人、分管环境保护工作的负

责人和环境保护行政主管部门负责人的环境保护责任制定了详细的考核准则。2018 年 2 月，广东印发《广东省生态文明建设目标评价考核实施办法》，并相继出台《广东省绿色发展指标体系》和《广东省生态文明建设考核目标体系》，实行每年一评价、五年一考核，将生态环境保护类考核结果作为评价领导班子和领导干部的重要依据。

不断完善责任追究制度体系。动员千次，不如问责一次。严格责任追究，是督促责任落实的“撒手锏”。2016 年 5 月，广东印发实施《广东省党政领导干部生态环境损害责任追究实施细则》，对在决策、监管、执行环节中不正确履职尽责而造成生态环境和自然资源损坏的行为开展严肃问责。2024 年，《广东省河湖长制条例》《广东省林长制条例》《广东省田长制工作规则》《广东省田长制巡查检查制度》和《广东省田长制综合评价制度》相继发布，明确了河湖长、林长、田长的法律责任，并建立了相应的考核评价和责任追究机制。

落实领导干部自然资源资产离任审计。为官一任，造福一方，而不可祸害一方。2019 年 3 月，广东印发《广东省领导干部自然资源资产离任审计实施办法（试行）》，明确主要领导干部任职期间在土地、水、森林、草原、矿产、海洋六类资源，大气、水、土壤三大环境，森林、草原、荒漠、河流、湖泊、湿地、海洋七个生态系统应当履行的责任，按规定将自然资源资产离任审计结果以及整改情况材料归入领导干部人事档案，作为考核、任免、奖惩的重要依据。对那些因决策错误造成严重生态环境损害的领导干部，必须严格离任审计，不能任其“拍屁股走人”，换个地方照样当官升职。

建立实施省级环境保护督察制度。广东把督察规范化、制度化建设摆在重要位置，在全国率先修订出台《广东省直机关有关部门生态环境保护责任清单》，基本做到生态环境保护有责部门全覆盖。广东高标准推进环保督察及整改，成立省环境保护督察工作领导小组，组建生态环境保护监察办公室和四个区域监察专员办公室，开展 21 个地级以上市环境保护督察，实现省级环保督察全覆盖。

（二）积极探索国土空间用途管制与规划

作为经济第一大省，广东要实现经济发展与生态环境保护双赢，优化国土空间开发格局尤为迫切。广东是全国较早开展主体功能区规划研究的省份之一。2006 年，广东就开始启动了主体功能区规划编制工作。依据 2011 年 6 月国务院印发的《全国主体功能区规划》，广东根据自身区域经济布局和生态环境特点，于 2012 年 9 月制定并印发了《广东省主体功能区规划》，将海陆兼备、地貌类型复杂的 1796.43 万公顷省域面积，划分为优化开发、重点开发、生态发展和禁止开发四类主体功能区域，其中生态发展区又分为重点生态功能区和农产品主产区。

建立与主体功能区相适应的环境政策体系。实施主体功能区规划，实现主体功能区定位，关键要调整完善相关政策。为了切实推进《广东省主体功能区规划》的贯彻实施，广东建立了与主体功能区相适应的环境政策体系。2014年1月，广东印发了《关于广东省主体功能区规划的配套环保政策》，根据不同主体功能区的功能定位和环境容量，划定生态红线并制定相应的环境标准，实行分类管理的环境政策。

建立国土空间规划体系并监督实施。规划落实最忌不统一，各顾各的“一亩三分地”。2021年4月，广东印发《关于建立国土空间规划体系并监督实施的若干措施》，加快建立全省国土空间规划体系并监督实施。2023年12月，印发《广东省国土空间规划（2021—2035年）》，立足资源环境禀赋和社会经济发展水平，以“三区三线”和主体功能区战略格局为基础，构建“一核两极多支点、一链两屏多廊道”的网络对流型国土空间开发保护总体格局，促进形成“一核一带一区”（珠三角核心区、沿海经济带、北部生态发展区）区域发展格局。如此一来，各地区的发展有方向，各类政策有遵循，社会监督起来也有依据。

积极试点全域土地综合整治。全域土地综合整治作为国土空间规划体系中最重要的一环，以乡镇为基本单元，从细微之处开始统筹整治各类土地，协调乡村与城市区域之间的关系，优化“三生空间”（生产空间、生活空间、生态空间）。广东积极参与全域土地综合整治试点，广州从化的主要经验和梅州蕉岭的主要经验分别成功入选自然资源部发布的首批、第二批全域土地综合整治试点典型案例。

土地一新，万象更新。广东将全域土地综合整治作为实施“百县千镇万村高质量发展工程”和深入推进绿美广东生态建设的重要抓手，通过实施集成式改革，实现多元化目标，推进国土空间治理现代化。坚持“抓两头、带中间”“一年抓试点、三年大推广、五年见实效”，坚持“走出去、请进来”，继续学习先进经验，并广纳群贤，邀请有实力、有经验的技术团队和专家队伍，为全域土地综合整治项目提供专业指导，全力推动建成良田成片、村庄集中、产业集聚、生态优美的土地保护利用新格局，将高质量发展蓝图逐步变成“富县强镇兴村”实景图。

链接

点土成“金”蹚出
国家全域土地综合整治的鳌头路径

2021 年，全国唯一的县域全域土地综合整治试点和广州唯一镇域试点相继在从化鳌头落地。以此为契机，鳌头镇加快推进全域土地综合整治万亩良田和田园综合体 2 个国家级试点项目，奋力破除空间碎片化、耕地非粮化、用地低效化等问题，逐步实现“良田成片、产业集聚、村庄集中、生态优美、生活富裕”目标。

提升耕地质量，实现良田成片。争取专项债政策实施万亩良田项目，将区域零散低效耕地整合为适合机械化耕作的高标准大田，打造约 7000 亩连片“双高”水田，实现“田成方、路成框、渠成网”。引入国企农投集团统一运营管理，强化现代农业科技运用，部署农田监测、管道灌溉、光伏发电等系统，采用工厂化育秧、无人机喷洒技术，实现节能提产，端牢“中国饭碗”。

科学腾挪空间，引导产业聚集。开展项目范围闲置低效建设用地整理，摸排旧厂房、废弃宅基地等零散用地，通过拆旧复垦等方式进行空间腾挪，调整建设用地布局，整合优化用地指标约110亩，以点状供地等途径保障乡村振兴产业项目用地，推动土地“存量”转化为发展“增量”。引入优质国企越秀集团牵头搭建创新创业平台，吸引民营企业投资，与怡境文旅、广大乡创等20余家农文旅学企业签订协议，打造集生态度假、农耕研学、美食体验、婚庆娱乐等为一体的大湾区生态田园高质量发展示范区。

坚持修旧如旧，推动村庄集中。按照“修旧如旧、复古如古”原则，保护修缮徐家大院、财神庙等历史文化资源，挖掘醒狮、上灯等传统文化价值，完善项目范围8个村庄公共空间配套设施，打造祠堂前、榕树下民俗集聚地，推动千年农耕文化薪火传承。

改善滨水环境，优化生态空间。实施湛江（二）河流域防洪排涝系统治理工程，推进干流（支流）升级整治89.8千米，整治支流堵点11个，改善4处河口滩地滨水环境，营造鱼藻鸟禽栖息家园。依托生态系统修复治理，实现资源循环利用、依水而兴，结合田园综合体打造亲水坝、水上皮划艇等滨水旅游载体，营造“水清、岸绿、景美、人旺”的生态田园景观。

完善联农机制，促进富民兴村。学习借鉴浙江“千万工程”经验和“强村公司”模式，利用越秀集团等资源优势探索建立“国企+村公司+合作社+手艺人+社会投资者”模式，开设以鳌头本地特色农产品为原材料的4家“前店后厂”，引导村民在“家门口”就业。

（三）健全自然资源资产产权制度

改革开放以来，我国自然资源资产产权制度逐步建立，在促进自然资源节约集约利用和有效保护方面发挥了积极作用，但也存在自然资源资产底数不清、所有者不到位、权责不明晰、权益不落实、监管保护制度不健全等问题，导致产权纠纷多发、资源保护乏力、开发利用粗放、生态退化严重。为解决这些问题，我国在一些省市开展了改革探索。广东在健全自然资源资产管理上主要有以下两个方面亮点。

一方面，大力推进自然资源资产全面登记制度实施。开展自然资源统一调查监测评价、加快自然资源统一确权登记是自然资源资产产权制度改革的基础。2020 年 4 月，广东印发《广东省自然资源统一确权登记总体工作方案》，部署以不动产登记为基础，充分利用国土调查成果和自然资源专项调查成果，首先对具有完整生态功能的自然生态空间和全民所有单项自然资源开展统一确权登记，逐步实现对全部国土空间内的自然资源确权登记全覆盖。2021 年 7 月，广东印发《广东省自然资源厅关于开展省级重点区域自然资源确权登记工作的通知》，有序开展省级重点区域自然资源确权登记工作。

截至 2024 年 9 月底，广东已完成 60 个重点区域登记单元调查成果核实和成果审核工作。

另一方面，推进自然资源资产产权制度改革。2020 年 3 月，广东印发《广东省推进自然资源资产产权制度改革实施方案》，提出建立“归属清晰、权责明确、保护严格、流转顺畅、监管有效”的自然资源资产产权制度，坚持创新自然资源资产全民所有权和集体所有权的实现形式，落实承包地“三权分置”改革、探索宅基地“三权分置”。广东探索建立省、市政府受委托代理行使自然资源资产所有权的资源清单和监督管理的工作机制，依法落实农村集体经济组织特别法人地位，保障农村集体经济组织成员对自然资源资产享有合法权益。

（四）全面完成全民所有自然资源资产所有权委托代理机制工作试点

2021 年 6 月，广东启动全民所有自然资源资产所有权委托代理机制试点工作，试点主体是广东省人民政府和广州、深圳、珠海、汕头、韶关、中山、湛江等 7 个地级以上市人民政府。该试点工作主要是开展土地、矿产、海洋、森林、湿地、水资源 6 类自然资源资产所有权委托代理机制先行先试。2023 年 11 月，广东全民所有自然资源资产所有权委托代理机制试点工作全面完成，共形成 122 项理论成果、185 项制度成果及 77 项实践成果，主要有以下五个方面的亮点。

1. 深入推进全民所有自然资源资产清查，全面完成试点任务摸清资产家底

2021 年，广东率先在全省范围部署开展 6 类自然资源资产清查，惠州市被确定为国家级试点，全面完成试点任务。2023 年 6 月，广东印发《广东省全民所有自然资源资产清查深化试点三年行动实施方案》，在全省范围内开展专项清查，在省级层面形成“四个一”的试点成果：一批清查成果，即在全国率先完成 2019—2021 年度全域全要素全民所有自然资源资产实物量清查和价值量估算工作；一套技术标准，即形成土地、矿产、海洋、森林、草地、湿地、水资源等 7 类资源的清查工作方案和技术标准；一套价格体系，即完成全省土地、矿产、海洋、森林、湿地等 5 类资源价格样点数据采集更新，形成全省国有建设用地标定地价价格体系一张图、基准地价价格体系一张图、矿产资源价格体系一张图、林地林木价格体系一张图、海域清查价格体系一张图和储备土地成本一张图；一个信息化系统，即建立清查信息管理服务系统并完成了省级成果入库。

2. 开展清单动态调整研究，探索建立长效机制规范清单管理

广东编制完成省、市两级资源清单，还组织开展了清单动态调整机制研究，重点梳理清单实施中存在的问题，提出保障清单动态管理机制的政策建议，明确“谁来管、管什么、怎么管”，进一步区分所有者职责和监管者职责，增强清单及时性和有效性，切实满足试点深化、制度建设等现实需求。

3. 夯实资产规划编制理论，试编省市两级规划强化成果应用

广东积极探索研究“能用、好用、管用”的全民所有自然资源资产保护和使用规划，在理论和实践上均有所突破。在理论上，广东提出“发展型—实施型”两层次资产规划编制体系，初步构建规划编制技术框架。在实践上，广东选取森林、湿地、海洋资源要素开展省级实施型资产规划试编，选取中山市开展市级储备土地资产规划试编；在试编过程中注重充分衔接所有权实现形式、考核评价等重大课题研究成果并转化应用，使资产规划与委托代理环节紧密相扣，将明晰资产“一盘总账”、促进资产价值及收益最大化、不断创新所有权实现形式、保障所有者权益放在规划的关键地位。

4. 制定考核评价试行办法，实施试评价发挥“指挥棒”作用

广东围绕“委托授权什么，考核评价什么”，探索开展所有权委托代理监督考核体系课题研究，根据试点实施方案与资源清单设置考核指标，以衡量所有者职责履行和受托资产管理情况为重点，以支撑试点工作及促进改革成效为导向，形成了试点期间评价考核和试点后常态化评价考核两套评价考核指标体系，并且按照“省+市”同步自评的模式在全国率先组织开展了试评价工作。

5. 探索生态产品价值实现，积极创新总结提炼典型做法

广东大力支持广州、深圳参与首批国家级试点，指导江门开展生态产品交易中心建设。广州市花都区公益林碳普惠项目案例、汕头市南澳县“生态立岛”促进生态产品价值实现案例分别入选自然资源部第二、三批案例库。在全省收集并发布两批共 15 个典型案例，涌现出“附带生态修复条件的土地出让”“认购碳汇+生态修复民事公益诉讼”“生态产品交易中心”等典型做法。深圳市自主创新选取福田红树林自然保护区为试点地区，探索海洋蓝碳价值转化，以每吨 485 元的高价完成了全国首单红树林保护碳汇拍卖。

（五）探索生态环境分区管控

作为较早探索生态环境分区管控的省份，广东从 2018 年着手生态环境分区管控编制工作，相关成果已在 2021 年全面落地，并进入实施应用阶段。

2021 年 1 月，广东正式发布《广东省“三线一单”生态环境分区管控方案》，明确以环境管控单元为基础，实施精细化管理，保护生态环境；从区域布局管控、能源资源利用、污染物排放管控和环境风险防控等方面明确准入要求，建立“1+3+N”① 三级生态环境准入清单体系。在省级管控方案的框架内，广东 21 个地市进一步细化完善，并于 2021 年 7 月底前全部发布市级管控方案，形成市级生态环境分区管控成果，

---

① “1”为全省总体管控要求，“3”为“一核一带一区”区域管控要求，“N”为 1912 个陆域环境管控单元和 471 个海域环境管控单元（总计 2383 个环境管控单元）的管控要求。

建立以“二三一”① 为标志的生态环境分区管控体系。其中，广州、佛山、惠州等市的一批应用案例已被生态环境部作为“三线一单”应用实践典型案例在全国推广。

广东持续完善分区管控体系。2023 年，广东在全国率先完成成果动态更新并通过生态环境部审核。截至 2023 年底，广东全省生态空间（包含生态保护红线、一般生态空间）保持基本稳定，面积为 6.34 万平方千米，占比保持在 35.28%。同时，广东建立全域覆盖的生态环境分区管控体系，划定陆域环境管控单元 1903 个，海域环境管控单元 564 个，逐一制定生态环境准入清单，在规划资源开发、重大项目选址等领域广泛应用生态环境分区管控成果，切实为发展“明底线”“划边框”。

① “二三一”：“二”是“两级方案”，指的是分省、市两级制定生态环境分区管控方案；“三”是“三类单元”，包括优先保护、重点管控和一般管控三类单元；“一”是“一张清单”，即针对每个生态环境管控单元，编制“一单元一策略”的差别化准入清单。

广东在全国率先建成生态环境分区管控信息平台，实现分区管控成果的可视化查询和智能化分析，通过多种途径免费开放。企业通过平台导入项目选址选线，可以快速精准识别涉及的环境管控单元，分析与生态环境分区管控要求的符合性。

三、他山之石：福建省三明市集体林权制度改革

福建省三明市，山清水秀、生态优美，林地面积占土地总面积的 82.7%，森林覆盖率达 77.12%，被誉为“中国绿都”。三明市是全国林改的策源地之一，也是全国首个林业改革发展综合试点市。1996 年 5 月至 2002 年 6 月，习近平总书记在福建工作期间先后 11 次到三明市调研。对集体林权制度改革，习近平总书记提出“林改四问”，即山要怎么分、树要怎么

砍、钱从哪里来、单家独户怎么办。[1] 20 多年来，三明市一直牢记习近平总书记的重要嘱托，认真践行“绿水青山就是金山银山”理念，发挥森林资源优势，深入推进集体林权制度改革，实现了生态环境保护与经济发展协同共进。

（一）山要怎么分？

靠山“吃”不了山，林木不值钱，乱砍滥伐之风却屡禁不绝，生态和生计该如何权衡？就像烈日炙烤下的山林，亟待一场集体林权改革的“甘霖”滋润。

唯改革才有出路。1998 年 9 月 28 日，永安市洪田村在村干部带头、村民集体决议下，第一个“吃螃蟹”，形成“分山到户”方案，开启艰难的林改破冰之旅，洪田村成了全国集体林权制度改革的“小岗村”。随后，全市 1500 多个村采取“分股不分山、分利不分林”的办

① 《闽山闽水物华新——习近平福建足迹》（上），福建人民出版社 2022 年版，第 298-303 页。

法，建立村林业股份制和村林业股东会进行林改，村民按照股份多少来分红。

针对林改中遇到的利益关系不明、村民和股东大会之间矛盾突出等问题，1999 年至 2001 年，三明市开展以“明晰产权、分类经营、落实承包、保障权益”为主要内容的集体林经营体制改革，基本解决用材林经营管理问题。

改革要常讲常新。2004 年 4 月起，三明围绕“明晰所有权、放活经营权、落实处置权、确保收益权”的要求，在全国最先开展农民承包权与林地经营权“三权分置”改革，并于 2005 年底，在全省率先完成明晰产权的主体改革任务，使每个农户有了林权证，实现了“山定权、树定根、人定心”。

据统计，三明市共颁发林权证 3.5 万本，确权 950 万亩，推行林权类不动产登记及权籍勘验全免费服务，为群众节省费用 1500 万元。近三年，促进流转林权近 150 万亩，为后续的林业经营与管理奠定了坚实基础。

（二）树要怎么砍？

树要怎么砍？如何在生态保护红线前合理利用森林资源，是三明林改面临的又一挑战。破题之要，唯在还权于民。三明积极创新林木采伐管理机制：实行指标分配阳光化、采伐申请简便化、伐区监管信息化；推行林木采伐告知承诺制改革；创新开展按面积审批人工商品林采伐试点；在林业站推广“一站式”共享联办服务，实现当日申请、当日办结，进一步放活林权。

按照传统采伐审批，要在采伐证中填写采伐株数、出材量、蓄积量等，但实际采伐中常出现采伐量与审批蓄积量不符的情况。未按规定要求采伐可能涉及林业案件，面临“滥伐”的法律风险，部分林农宁愿多批少砍甚至不砍，导致森林经营水平不高。

2022 年 8 月开始，沙县试点放活采伐政策，在全国率先开展人工商品林皆伐与抚育间伐按面积批准林木采伐，从蓄积量控制向面积控制转变，林农操作更加简便灵活。

之前出现过采伐证上的采伐蓄积量与实际存在误差，不仅多花了数周设计时间，还为此多付了数千元设计费的情况，改革后办理采伐证简便快捷、减轻林农负担。

（三）钱从哪里来？

绿水青山留住了，林农期盼的“金山银山”从何而来？聚焦“两山”转化，三明加快生态价值实现，挖掘森林生态价值，拓宽“两山”转化通道，促使绿水青山变成“金山银山”。

将乐县高唐镇常口联村党委书记张林顺说：“我们村一棵树没砍，靠‘打包卖空气’就挣了14万多元。”2021年5月18日，他代表全村领取了一张编号为“0000001”的全国首张林业碳票，村民每人分红150元现金，实现了“碳票”变“钞票”。

改革需有爬坡过坎的韧劲。2019年，三明市率先在全国探索林票改革，把合作经营林地林木资产折资量化，以林票的形式发放给林农。

2023 年，与上海交易集团合作，创设了林业生物资产票据的“林票 2.0”，将林木所有权等产权折资量化形成一类创新资产凭证，使森林资源资产对社会资本真正具有吸引力。2024 年 7 月 26 日，全国首单林业生物资产票据“林票 2.0”成功上市交易，标志着三明林票正式开启了市场化交易路径。

不管是“林票”还是“碳票”，林权流转均实现线上交易。2022 年 9 月成立的福建沙县农村产权交易中心，累计交易额突破 19 亿元，溢价率达 15.8%，实现了生态效益与经济效益的双赢。三明创新实施林业碳汇“三建两创”行动，探索“碳汇+”等应用场景。截至 2023 年底，三明已累计开发林业碳票项目 49 个，涉及森林面积 33.94 万亩，碳减排量 112.2 万吨；累计交易量 10.8 万吨，交易金额 150.9 万元；累计制发林业碳票 106 张。

（四）单家独户怎么办？

解决“单家独户怎么办”问题，本质上是

破解林业生产管理“碎片化”问题。三明在深化林改过程中，聚焦规模经营，着力促进林农受益，创新联合经营模式，发挥金融助力作用，引导林地适度规模经营。全市近六成的林地实现规模经营，森林蓄积量达到2.1亿立方米，近三年净增2000万立方米。

林改让林农得到了实惠。原来竹山年平均亩产值不足500元，现在已经提高到2000元左右。永安市洪田镇吴启南组建的永安市凯森林业农民专业合作社采取合作经营，现有社员120多户，林地经营面积扩大到3000亩，成为国家级示范社，列入全国森林经营试点单位，社员都说眼前的“绿色银行”是“绿得流油”。

沙县区富口镇吉瑞家庭林场采取大户经营，受让农民承包山林1100亩，年经营收入达520万元；将乐县福建金森林业股份有限公司与万全乡上华村实行“村、民、企”合作，共同做大“绿色蛋糕”。各类新型林业经营主体如同雨后春笋般破土而出，加快了林业资源整合，建立了更加紧密和谐的利益共同体。

为解决融资难题，三明强化引资入林，发挥福建省绿色金融试验区的优势，成立专业的林权收储机构，建立金融风险防控机制，发放全省首笔林权公证贷款，全市累计发放各类涉林贷款 275.6 亿元。

四、贯彻落实：完善生态文明基础体制的广东谋划

2023 年 7 月，习近平总书记在全国生态环境保护大会上提出了生态文明建设的“六大任务”，包括“持续深入打好污染防治攻坚战，加快推动发展方式绿色低碳转型，着力提升生态系统多样性、稳定性、持续性，积极稳妥推进碳达峰碳中和，守牢美丽中国建设安全底线，健全美丽中国建设保障体系”[①]。《决定》就如何建立实现这些目标的完成机制，提出了

① 习近平：《以美丽中国建设全面推进人与自然和谐共生的现代化》，《求是》2024 年第 1 期。

进一步全面深化改革的任务部署，并在“完善生态文明基础体制”中确定了若干基本改革任务。

为贯彻落实党的二十届三中全会关于完善生态文明基础体制的重点任务，2024 年 9 月 13 日，中国共产党广东省第十三届委员会第五次全体会议通过了《中共广东省委关于贯彻落实党的二十届三中全会精神　进一步全面深化改革、在推进中国式现代化建设中走在前列的意见》，提出“完善生态文明建设基础体制机制”的意见。在完善生态文明基础体制方面，广东将从规划、管理、考核、督察等方面深化改革。

（一）继续深化国土空间规划“多规合一”改革

广东通过一系列改革，总体形成以国土空间规划为基础、以用途管制为主要手段的国土空间开发保护制度。但也应看到，广东国土空间规划用途管制制度建立时间较短，在规划目标传导、用途转用审批和规划许可融合、规划和用途管制实施监管等方面还存在薄弱环节，还需要进一步深化改革。深化“多规合一”改革，促进国土空间开发保护格局优化，成为加快发展方式绿色转型之要。因而，继续深化“多规合一”改革成为今后一个阶段的重点任务。

广东将大力推进数字化监管能力建设，在将国土空间规划“一张图”系统的工作重点从“建成”转向“用好”的基础上，重点抓好国土空间规划实施监测网络建设试点，完善与数字化管理配套的新政策机制，加快推进相关标准体系建设，让“可感知、能学习、善治理、自适应”的智慧国土空间规划建设再进一步。

发挥国土空间规划在国土空间开发保护上的战略引领和刚性管控作用，健全主体功能区制度体系，强化国土空间优化发展保障机制，支撑构建优势互补的区域经济布局和国土空间体系。

促进城乡融合，适应新型城镇化和乡村全

面振兴的需要，统筹兼顾经济、生活、生态、安全等多元需要，健全城市规划体系，引导大中小城市和小城镇协调发展、集约紧凑布局。

（二）完善全域覆盖、分类管理的生态环境分区管控体系

广东经济活动强度大，区域发展不平衡，各地面临的生态环境保护任务差异大，生态环境分区管控独特的制度体系成为推动生态环境差异化精准治理的有力工具。广东将进一步完善全域覆盖、分类管理的生态环境分区管控体系，优化要素配置、环境准入、一体化管理等政策。

以制度建设为核心，加快健全生态环境分区管控体系。其一，推动将生态环境分区管控要求纳入相关法律法规，加强生态环境分区管控与主体功能区战略、国土空间规划、生态环境要素管理的衔接，优化相关标准规范，提高生态环境分区管控的协调性。其二，按照依法依规、科学规范的原则，探索采用分级、分类

的方式，适当简化程序，建立更加便捷有效的更新调整机制，提高生态环境分区管控的时效性。其三，加快建立省对地市年度跟踪与五年评估相结合的跟踪评估机制，提高生态环境分区管控的约束性。

以信息技术为手段，提升生态环境精准管理水平。一是加快整合各类生态环境、资源要素基础数据，推动生态环境分区管控系统与其他业务系统的信息共享，实现数据动态维护、交换与更新。二是依托生态环境大数据，加快先进技术应用，完善统计分析、智能分析、预警预测等功能，实现生态环境智慧综合决策，提升生态环境管理的效率。三是强化跨部门、跨地区业务协同，将生态环境分区管控平台接入相关在线政务服务系统，加强移动端口开发集成，合理设置查阅、分析权限，方便行政部门和各类市场主体使用，激发市场活力。

以创新应用为引领，推动生态环境分区管控走深走实。其一，深化生态环境分区管控在政策制定、环境准入、园区管理、执法监管等领域的应用路径研究，探索新的应用方法与模式，为地方落实生态环境分区管控提供有效的“工具书”。其二，将生态环境分区管控实施作为推动水、大气、土壤等环境要素管理的重要内容，建立基于生态环境分区管控的“问题识别、精准溯源、分区施策”工作闭环模式，推动解决突出生态环境问题，防范结构性、布局性环境风险，为高质量发展腾出容量、拓展空间。其三，将生态环境分区管控实施纳入产业政策制定、项目立项、用地审批等涉及跨部门协同、多要素综合的管理工作中，形成跨部门综合应用共识，为管理服务提供新的支撑。

（三）推进生态环境垂直管理制度改革

广东将继续推动生态环境治理和监管重点向县镇村延伸，完善县级环境质量监测体系，进一步深化省级以下生态环境监测监察执法垂直管理改革，加强县域生态环境机构能力标准化建设，提升生态环境管理治理能力。

按照“条块结合、各司其职、权责明确、

保障有力、权威高效”的目标，推动生态环境垂直管理制度改革发生“化学反应”，确保运行机制、能力建设、法治保障逐步到位，为建设天蓝、地绿、水净的美丽广东提供坚实体制机制保障。

广东将从以下方面推进生态环境垂直管理制度改革：一是进一步完善环委会工作机制，加强协调联动、调度督导，强化考核激励；二是进一步完善生态环境机构管理体制，实施好对市局的双重管理、市局对县级分局的垂直管理，推动县域生态环境保护扩权赋能，加强乡镇生态环境保护队伍建设，助力提升基层环境基础支撑能力；三是进一步完善生态环境监测管理体制，做好监测队伍人财物上收和监测事权划分工作，全面加强监测能力建设；四是进一步深化生态环境保护综合执法改革，加强执法规范管理、执法协同和执法能力标准化建设。

（四）建立健全美丽广东建设成效考核指标体系和考核办法

生态文明建设是长期而复杂的系统工程。《中共广东省委关于贯彻落实党的二十届三中全会精神　进一步全面深化改革、在推进中国式现代化建设中走在前列的意见》提出，建立健全美丽广东建设实施体系和推进机制，推进美丽城市、美丽乡村等建设。因而，需制定完善实施地方党政领导干部落实美丽广东建设责任。

广东相继印发了《广东省2023年度全面推行林长制和绿美广东生态建设工作考核实施细则》《广东省2024年度全面推行林长制和绿美广东生态建设工作考核实施细则》，根据当年重点工作设置10项“一级指标”及37项“二级指标”，涵盖国土绿化、资源保护、全民爱绿植绿护绿兴绿、自然保护地建设、野生动植物保护、森林草原灾害防控、林长履职尽责、绿美广东生态建设综合效益、深化集体林权制度改革等内容，准确反映当年林长制和绿美广东生态建设各项工作成效，夯实美丽广东建设政治责任。

广东将系统谋划美丽广东建设任务和考核办法。一方面，将主要围绕建设经济绿色低碳、环境洁净优美、生态良性循环、人居健康安全、城乡和谐宜居、制度现代智慧的美丽广东目标，推动制定出台《关于加强生态环境保护推进美丽广东建设的意见》和《美丽广东建设战略规划纲要（2024—2035 年）》，作为美丽广东建设纲领性文件。另一方面，研究制定美丽广东建设成效考核指标体系和考核办法，适时将污染防治考核、攻坚战成效考核过渡到美丽广东建设成效考核，推动各地落实美丽广东建设的党政责任。

（五）健全生态环境保护督察制度

生态环境保护督察是习近平总书记亲自谋划、亲自部署、亲自推动的一项重大体制创新和重大改革举措，是习近平生态文明思想重大原创性成果和制度性保障。省级环保督察作为中央环保督察的延伸和补充，是省委、省政府的重大制度安排，是推动解决突出生态环境问题、守住生态环境安全底线、建设美丽广东的重大举措。广东可以从以下方面健全生态环境保护督察制度。

一方面，完善省级生态环境保护督察工作制度，健全生态环境问题排查整改长效机制。加强例行督察和派驻监察，针对性开展专项督察，督促抓好反馈问题整改落实。要举一反三，巩固督察成果，强化以案为鉴，分解细化举措，精准同向发力，做到整改一个问题、解决一类问题、堵塞一批漏洞。

另一方面，加快省级生态环保督察制度法制化建设。广东可研究制定省级生态环保督察地方性法规，加强督察问责、督查督办、台账建立、核查验收、尽责免责等相关配套制度规定和实施办法的制定，加快推动环保督察法制化建设，切实形成完善的环保督察法律法规制度体系。

（六）深化集体林权制度改革

随着《广东省深化集体林权制度改革实施方案》的出台和2024年第2号总林长令《关于全面深化广东省集体林权制度改革的令》的发布，南粤大地掀起全面深化集体林改的热潮。

广东将聚焦林业产权制度、资源管理、经营模式、投入机制、产业发展等方面巩固和拓展集体林权制度改革成果，逐步形成权属清晰、责权利统一、保护严格、流转有序、监管有效的现代集体林权制度，创新林木采伐管理，推动林业适度规模经营，提高林地产出率，不断促进森林资源持续增长、森林生态质量持续提高、林区发展条件持续改善、农民收入持续增加。

广东将紧抓深化集体林改契机，试点拓宽“两山”转化路径，统筹保护与发展，增强生态保护和林业发展内生动力，充分发挥森林的水库、钱库、粮库、碳库“四库”功能，实现绿富双赢，打造人与自然和谐共生的现代化广东样板。

第二章　健全生态环境治理体系

党的十八大以来，我国加快构建党委领导、政府主导、企业主体、社会组织和公众共同参与的现代环境治理体系，不断提升生态环境治理现代化水平，生态文明建设从理论到实践都发生了历史性、转折性、全局性变化，美丽中国建设迈出重大步伐。没有健全的生态环境治理体系，就不可能建成人与自然和谐共生的现代化。党的二十届三中全会通过的《决定》用专门章节阐述了“健全生态环境治理体系”。

一、精神解读：从“管理”的一元主体到“治理”的多元主体

党的二十届三中全会主要是从责任体系、

监管体系、市场体系、法律法规政策体系等方面对健全生态环境治理体系提出了一系列明确的重点任务。

（一）健全生态环境治理责任体系

习近平总书记指出，“提高生态环境领域国家治理体系和治理能力现代化水平。要健全党委领导、政府主导、企业主体、社会组织和公众共同参与的现代环境治理体系，构建一体谋划、一体部署、一体推进、一体考核的制度机制”①。生态环境治理是一个系统工程，不仅是党委政府的责任，也是企业、社会组织和全体公民的义务。

《决定》指出，完善精准治污、科学治污、依法治污制度机制，建立新污染物协同治理和环境风险管控体系，深化环境信息依法披露制度改革。

---

① 《习近平谈治国理政》第 4 卷，外文出版社 2022 年版，第 366 页。

1. 完善精准治污、科学治污、依法治污制度机制

通过持续的努力，污染防治攻坚战取得了重大成果，相比于过去，我们的环境变好了，天更蓝了、水更清了、山更绿了，人们从环境中获得的幸福感越来越强了。但必须清醒看到，当前我国污染物排放总量仍居高位，历史欠账尚未还清，人民群众对生态环境质量改善的新期待越来越高。

党的二十大报告强调，坚持精准治污、科学治污、依法治污，持续深入打好蓝天、碧水、净土保卫战。精准治污就是要用“火眼金睛”全面准确掌握污染源信息，精确锁定重点区域、重点时段、重点污染因子、重点行业等；科学治污就是要遵循规律，科学制定符合地区实际的治理规划，明确不同阶段污染治理的重点任务，做好时间、时序、时限安排，确保治污工作具有明确的目标、得力的举措、科学的考核、严格的监督；依法治污就是要用制度保护生态环境，发挥法治在环境污染治理中的硬约束

作用。

习近平总书记指出，“生态治理，道阻且长，行则将至”[①]。因而，我们必须保持战略定力，锲而不舍、久久为功，保持力度、延伸深度、拓展广度，持续开展大气污染防治、水污染防治和土壤污染防治，集中攻克人民群众身边的突出生态环境问题，持续改善生态环境质量，不获全胜决不收兵。

2. 建立新污染物协同治理和环境风险管控体系

新污染物是指那些具有生物毒性、环境持久性、生物累积性等特征，进入环境后，对生态环境或者人体健康存在较大风险，但尚未纳入环境管理或者现有管理措施不足的有毒有害化学物质。

目前，新污染物主要有四大家族：持久性有机污染物、内分泌干扰物、抗生素、微塑料。

---

① 《习近平谈治国理政》第 3 卷，外文出版社 2020 年版，第 375 页。

新污染物具有隐蔽性、持久性、危害大和不易治理的四大特性。

为了避免新污染物对人民群众造成伤害，2022年5月国家印发《新污染物治理行动方案》，对新污染物治理工作进行全面部署。新污染物治理的关键点是“新”、难点也是“新”。因为“新”，存在监测方法跟不上、污染底数不明确、环境过程不清楚、环境危害不掌握、常规防治方法不起作用等问题。开展新污染物治理，必须以有效防范新污染物环境与健康风险为核心，构建“筛评控、禁减治”为主线的防控思路，其中，“筛”和“评”是方法和基础，“控”是目的和手段。

新污染物治理的“六大招”

第一招	筛：对化学物质环境风险进行筛查
第二招	评：精准筛评出需要重点管控的新污染物
第三招	控：制定全过程环境风险管控措施
第四招	禁：从源头开展能产生新污染物原材料的禁用限用

续表

第五招	减：在化工产品生产过程中减少新污染物排放
第六招	治：加强环境中新污染物的末端治理

3. 深化环境信息依法披露制度改革

依法开展环境信息披露是保护环境的国际通行做法，也是企业应尽的社会责任，有利于消除信息不对称导致的市场失灵和监督失焦，有利于保障公民知情权。

2020 年 12 月 30 日，中央全面深化改革委员会第十七次会议审议通过《环境信息依法披露制度改革方案》，部署推进相关工作。当前环境信息依法披露与深化生态文明体制改革的目标要求相比还存在一些短板：一是改革任务推进还不够均衡，督促检查机制仍不健全，有效监督企业环境信息依法披露情况的能力还不足。二是环境信息依法临时披露的规范性亟待提高，按要求临时披露处罚信息的比例较低。三是披露信息应用不够丰富，环境信息依法披露制度与环保信用评价、绿色金融等制度衔接有待加强。

因而，必须深化环境信息依法披露制度改革，需要坚持稳中求进、先立后破、系统集成、协同高效，坚持有为政府和有效市场相结合，坚持政策激励与监督约束并重，着力打通改革的难点堵点，进一步健全企业自律、管理有效、监督严格、支撑有力、应用广泛的环境信息依法披露制度。

（二）健全生态环境监管体系

健全生态环境监管体系要以固定污染源监管制度作为突破口，加强对各类污染源的全面监管，实现对环境污染源的实时监控和预警，推动企业切实履行生态环境保护责任，构建环境信用监管体系。《决定》指出，落实以排污许可制为核心的固定污染源监管制度，构建环境信用监管体系。

1. 落实以排污许可制为核心的固定污染源监管制度

排污许可制是固定污染源监管制度体系的

核心制度。2023 年 12 月 25 日生态环境部审议通过《排污许可管理办法》。

当前我国的排污许可制度仅仅是一项政策，其约束力远远不够，主要表现在对企事业单位的约束力不够、技术体系不完整、管理内容不全面、人员缺乏、公众参与不广泛等。

因此，落实以排污许可制为核心的固定污染源监管制度必须从以下方面着手：一是建立起完善的排污许可制度法律法规体系；二是逐步将土壤和地下水等环境要素纳入排污许可证的管理内容；三是合理利用现有的执法力量，结合企业信用记录，加强对重点区域和重点排污单位的监督检查；四是加强排污许可制度的宣传工作，提高公众的参与力度。

2. 构建环境信用监管体系

环境信用监管是指政府根据企业环境信用数据信息，按照规定的指标、方法、程序，对其进行信用评价，确定信用等级，并向社会定期披露，供相关部门机构应用，这是对现行环境信息公开制度的一种延伸。

2021年11月，中共中央、国务院发布《关于深入打好污染防治攻坚战的意见》，指出“全面实施环保信用评价，发挥环境保护综合名录的引导作用”。2022年3月，中共中央办公厅、国务院办公厅印发《关于推进社会信用体系建设高质量发展　促进形成新发展格局的意见》，强调“完善生态环保信用制度”。从环境信用评价到生态环保信用制度，不同表述反映制度发展的不同阶段，体现了环境信用体系建设的跃升。

2023年12月，《中共中央　国务院关于全面推进美丽中国建设的意见》提出“加快构建环保信用监管体系”。当前，我国环境信用监管还存在缺乏顶层设计、管理部门之间协同监管力度不足、环境信用监测技术支撑不足、环境信用统计精准度较低、环境信用结果综合应用不到位等问题。因此，必须从加强环境信用监管顶层设计、完善环境信用监测统计制度和将企业环境信用评价结果与银行贷款挂钩等方面着手构建环境信用监管体系。

（三）健全生态环境治理市场体系

2023年7月，习近平总书记在全国生态环境保护大会上强调，把碳排放权、用能权、用水权、排污权等资源环境要素一体纳入要素市场化配置改革总盘子，支持出让、转让、抵押、入股等市场交易行为；加快构建环保信用监管体系；进一步规范环境治理市场，促进环保产业和环境服务业健康发展。[①]《决定》指出，健全生态产品价值实现机制；深化自然资源有偿使用制度改革；建设多元化生态保护修复投入机制；推进生态综合补偿，健全横向生态保护补偿机制，统筹推进生态环境损害赔偿。

1．健全生态产品价值实现机制

当前生态产品价值实现机制建设还处于起步探索阶段，一些深层次体制机制障碍尚未有效破除，生态产品“度量难、抵押难、交易难、

---

① 习近平：《以美丽中国建设全面推进人与自然和谐共生的现代化》，《求是》2024年第1期。

变现难”等问题仍然比较突出。

围绕破解“度量难”的问题，要深化生态产品理论内涵研究，针对生态产品价值实现的不同路径，建立生态产品价值评价体系，制定生态产品价值核算规范，形成生态产品价值衡量标准，为生态产品经营开发、生态产品保护补偿、政府考核等提供依据。

围绕破解“抵押难”问题，要加强绿色金融政策支持和制度创新，引导金融机构开展绿色信贷，鼓励融资担保机构为符合条件的生态产品经营开发主体提供融资担保，探索生态产品资产证券化路径和模式等。

围绕破解“交易难”问题，要构建生态产品市场交易体系，推进生态产品供需对接，拓展生态产品价值实现模式，促进生态产品价值增值，推动生态资源权益交易，在市场交易中显化和实现绿水青山价值。

围绕破解“变现难”问题，按照“谁保护谁受益”“谁破坏谁赔偿”原则，健全生态产品保护补偿机制，探索将生态产品价值核算结果纳入地区高质量发展综合绩效评价等考核评价工作。

2. 深化自然资源有偿使用制度改革

市场是资源配置和利用的有效手段，产权是市场机制发挥作用的前提条件。

2016 年 12 月 29 日，国务院印发并实施《关于全民所有自然资源资产有偿使用制度改革的指导意见》，主要包括完善国有土地资源有偿使用制度，完善水资源有偿使用制度，完善矿产资源有偿使用制度，建立国有森林资源有偿使用制度，建立国有草原资源有偿使用制度，完善海域海岛有偿使用制度。自然资源有偿使用体现了宪法和法律框架下资源所有权和使用权相分离的权利安排。

当前，我国自然资源产权制度初步建立，但还存在着底数不清、权责不明、保护不严等问题，影响自然资源资产有偿使用制度的实施。因而，深化自然资源有偿使用制度改革，一方面是对权利责任主体的厘清，另一方面也有利于国有资源的合理利用，规范资源流转行为，进一步促进资源的合理开发和有效保护。

3. 建设多元化生态保护修复投入机制

建设多元化的生态保护修复投入机制的目的是应对目前环境保护投入来源单一、资金量不足、无法满足保护修复需求的现状问题。对于历史遗留环境问题，因污染责任主体难以追究，可以鼓励和支持社会资本通过多元化生态保护修复投入机制来解决；但对于未来潜在的环境问题，还是首先要落实污染者责任，多元化的投入机制不能成为污染责任者逃避治理责任的“挡箭牌”。

《中共中央　国务院关于全面推进美丽中国建设的意见》提出“建立企业生态环保费用提取使用制度”，非常有必要也非常及时，尤其是针对存在隐蔽环境风险的土壤污染重点监管行业的工业企业。

当前，建设多元化的生态保护修复投入机制仍然面临一些难题。一方面，生态保护修复过程中依然面临“重保护、轻利用”的路径依赖，绿水青山转化为金山银山的路径不清晰，制约了生态保护修复的经济性和可持续性。另一方面，生态保护修复资金投入的市场化机制仍不健全，修复工程的盈利模式、收益分享、风险分担方式等还不成熟，导致社会资本参与的意愿还不够强。因此，必须建设多元化的生态保护修复投入机制。

4. 推进生态综合补偿，健全横向生态保护补偿机制，统筹推进生态环境损害赔偿

有的地方为保护生态环境作出了牺牲，付出了机会成本，因此要对其进行生态补偿。2024 年 2 月，国务院常务会议审议通过《生态保护补偿条例》，明确生态保护补偿是指通过财政纵向补偿、地区间横向补偿、市场机制补偿等机制，对按照规定或者约定开展生态保护的单位和个人予以补偿的激励性制度安排，为开展生态保护补偿工作提供法律依据。

完善纵向生态保护补偿制度。中央和省级财政参照生态产品价值核算结果、生态保护红线面积等因素，完善重点生态功能区转移支付资金分配机制。

完善省级区域横向补偿制度。完善跨省域的生态受益地区和保护地区、流域上游与下游的横向补偿机制，加大补偿力度。

充分发挥市场机制在生态保护补偿中的作用。推进生态保护补偿市场化发展，拓展生态产品价值实现模式。

推进生态环境损害成本内部化。加强生态环境修复与损害赔偿的执行和监督，完善生态环境损害行政执法与司法衔接机制，提高破坏生态环境违法成本。

（四）健全生态环境治理法律法规政策体系

习近平总书记强调："要强化法治保障。统筹推进生态环境、资源能源等领域相关法律制定修订，以良法保障善治。"① 《决定》指出，推动重要流域构建上下游贯通一体的生态环境

① 习近平：《以美丽中国建设全面推进人与自然和谐共生的现代化》，《求是》2024 年第 1 期。

治理体系；全面推进以国家公园为主体的自然保护地体系建设；落实生态保护红线管理制度；健全山水林田湖草沙一体化保护和系统治理机制；落实水资源刚性约束制度；全面推行水资源费改税；强化生物多样性保护工作协调机制；健全海洋资源开发保护制度。

1. 推动重要流域构建上下游贯通一体的生态环境治理体系

翻开中国地图，无数条河流交织蜿蜒，或奔涌而来，或汩汩流淌，所经之处，留下点点绿意。众多河道接连成片构成流域，也让这片广袤土地，丰美而富饶。

流域，是生态文明建设的重要空间单元。从党的十八届三中全会提出“以流域为控制单元，建立流域环境综合管理模式”，到如今“构建上下游贯通一体的生态环境治理体系”，这表明流域治理更加注重生态文明体制改革点面结合、标本兼治，注重改革措施的系统性、整体性、协同性，标志着流域治理制度建设由局部探索、破冰突围向系统集成、全面深化转变。

流域以水为纽带，连接上下游、左右岸、干支流形成经济社会大系统，需从流域系统性出发，推进上中下游、左右岸、干支流、江河湖库协同治理，在空间上构成统一的整体。

2. 全面推进以国家公园为主体的自然保护地体系建设

2024年国务院《政府工作报告》提出，“推进以国家公园为主体的自然保护地建设”。《决定》指出，全面推进以国家公园为主体的自然保护地体系建设。由“推进”变为“全面推进”，那么，如何理解这一改变？

一方面，“全面推进”意味着国家公园这个主体的建设要加速。这是因为2022年12月，国家林草局、财政部、自然资源部、生态环境部联合印发《国家公园空间布局方案》，提出到2035年，全国要建49个国家公园（含已正式设立的5个国家公园），因为目前较我们设立的目标还剩11年时间，同时有44个国家公园待设立。

另一方面，自然保护地的建设不仅是设立，还需要良好的管理。当前，仍然存在权责不明、保护与发展矛盾突出等问题。如何通过一些新技术、新手段加强自然保护地的管理？都是未来要“全面推进”的重要方面。

3. 落实生态保护红线管理制度

所谓“红线”，就是不可触碰更不能逾越的规则或边界，一旦有人触碰或者逾越生态保护红线，就有可能对红线内需要保护的生态资源、空间、物种造成伤害。

以习近平同志为核心的党中央高度重视生态保护红线工作，先后20多次就生态保护红线工作作出重要指示，要求“在生态保护红线方面，要建立严格的管控体系，实现一条红线管控重要生态空间，确保生态功能不降低、面积不减少、性质不改变”①。生态红线是通过管控重要生态空间，以最小的生态保护面积获取最大的生态保护效益，并实施严格管控措施，维护国家生态安全。

---

① 《习近平谈治国理政》第3卷，外文出版社2020年版，第362页。

生态保护红线的划定是门“技术活”，生态保护红线主要由三部分构成：一是整合优化以后的自然保护地；二是自然保护地外的生态功能极重要、生态极脆弱的区域；三是目前基本没有人类活动，具有潜在重要生态价值的战略留白区。在建设社会主义现代化强国的道路上，只有落实生态保护红线制度，筑牢生态安全屏障，让山更绿、水更清、林更密、田更肥、湖更美、草更盛，我们建设美丽中国的梦想才不再遥远。

表 2.2　落实生态保护红线制度系列文件

时间	文件	核心内容
2013.11	党的十八届三中全会	提出“划定生态保护红线”
2015.5	《生态保护红线划定技术指南》	31 个省（区、市）开展生态保护红线划定工作
2015.9	《生态文明体制改革总体方案》	划定并严守生态红线，严禁任意改变用途

续表

时间	文件	核心内容
2017. 2	《关于划定并严守生态保护红线的若干意见》	2020 年底前，全面完成全国生态保护红线划定、基本建立生态保护红线制度
2019. 8	《生态保护红线勘界定标技术规程》	要求各地按照国务院批准生态保护红线划定方案启动勘界定标，并于 2020 年底前全面完成
2019. 11	《关于在国土空间规划中统筹划定落实三条控制线的指导意见》	统筹划定落实生态保护红线、永久基本农田、城镇开发边界三条控制线（简称“三条控制线”）
2022. 8	《关于加强生态保护红线管理的通知（试行）》	明确生态保护红线人为活动管控、生态保护红线占用审批以及加强生态保护红线监管等

续表

时间	文件	核心内容
2022. 12	《生态保护红线生态环境监督办法（试行）》	首次明确了我国生态保护红线生态环境监督工作的制度安排与总体要求，回答了生态保护红线“谁来监督、监督什么、怎么监督、监督结果如何应用”等重点问题
2023. 12	《关于全面推进美丽中国建设的意见》	全国生态保护红线面积保持在315万平方千米以上，到2035年，大陆自然岸线保有率不低于35%
2024. 7	《关于加快经济社会发展全面绿色转型的意见》	健全全国统一、责权清晰、科学高效的国土空间规划体系，严守耕地和永久基本农田、生态保护红线、城镇开发边界“三条控制线”

4. 健全山水林田湖草沙一体化保护和系统治理机制

山水林田湖草沙是一个生命共同体，它们的命脉相连，统一于生态大系统之中。“如果种树的只管种树、治水的只管治水、护田的单纯护田，很容易顾此失彼，最终造成生态的系统性破坏。”①

因而，健全山水林田湖草沙一体化保护和系统治理机制：完备的现代化治理体系是山水林田湖草沙系统治理效能的关键保障；科学的理论、完善的制度、有力的法律保障、多元主体的参与及其协同联动是推动山水林田湖草沙一体化保护和系统治理的必要条件。

5. 落实水资源刚性约束制度

水是生存之本、文明之源、生产之要、生态之基。“要坚持以水定城、以水定地、以水定人、

---

① 《习近平著作选读》第 1 卷，人民出版社 2023 年版，第 174 页。

以水定产，把水资源作为最大的刚性约束”。[①]

以可利用水资源量确定城市发展定位、发展方向、发展规模和发展目标，实现“以水定城”；根据城市水资源最大可利用量确定城市各阶段的人口规模，实现“以水定人”；根据水资源情况对土地规划用途进行严格管制，保证基本农田、建设用地规模要适应区域水资源刚性约束，实现“以水定地”；社会经济发展模式必须适应水资源状况，特别是产业结构和规模要适应水资源的刚性约束，实现“以水定产”。

6. 全面推行水资源费改税

为有效抑制地下水超采和不合理用水需求，促进水资源高效利用，2016 年 7 月 1 日，河北在全国率先实行水资源费改税试点。2017 年 12 月 1 日起，水资源税改革试点扩大至北京、天津、山西、内蒙古、河南、山东、四川、陕西、宁夏 9 个省区市。

---

① 《习近平谈治国理政》第 3 卷，外文出版社 2020 年版，第 378 页。

水资源费改税有利于进一步发挥税收调节功能，加强用水管理，调节用水结构向利好方向发展，增强纳税人的节水意识。通过水资源费改税，可以引导大众节约水资源、保护水资源，树立绿水青山就是金山银山的理念。全面推行水资源费改税表明由水资源税改革试点向全国全面推行。

7. 强化生物多样性保护工作协调机制

生物多样性使地球充满生机，也是人类生存和发展的基础。我国作为联合国生物多样性公约第十五次缔约方大会（COP15）的主席国，首次在《生物多样性公约》框架下举办领导人峰会，推动达成了昆明—蒙特利尔全球生物多样性框架（简称“昆蒙框架”）历史性成果文件，实现了全球生物多样性治理引领者的地位转换。

尽管如此，我国依然面临着生物多样性丧失趋势尚未得到根本遏制的严峻现状。生物多样性保护是一项复杂而系统的工程，涉及多领域、多部门、多地区、多主体，需要整合政府、社会机构、企业乃至公众各方力量进行协同合作。新时代推动生物多样性的高质量保护，亟须深化多管理部门协作、央地联动、多方参与的机制，推动长效治理。

基于此，“强化生物多样性保护工作协调机制”首次作为治理政策机制所关注的重点内容，在《决定》中得到了明确体现。

8. **健全海洋资源开发保护制度**

作为地球表面最广阔的蓝色疆域，海洋不仅是人类生存与发展的重要资源宝库，也是全球生态系统不可或缺的一部分。

然而，过度开发和不当利用可能导致海洋生态系统的失衡，进而影响海洋生物的多样性和生态环境的健康。在新时代的征程上，我国海洋生态文明建设也迎来了新的历史机遇与挑战。

如今，我们需要考虑如何健全海洋资源开发保护制度。这就需要我们备有“三把刷子”：法治是最可靠、最稳定的海洋治理方式，也是海洋资源开发与保护的根本保障；科技创新是推动海洋资源开发的关键所在；国际合作是海洋资源开发的共赢之路。

二、广东探索：打好生态环境治理的“组合拳”

党的十八大以来，党中央对建立健全生态环境治理体系工作高度重视。2020 年 3 月，中共中央办公厅、国务院办公厅印发了《关于构建现代环境治理体系的指导意见》，以监管、市场、法规政策等体系建设为重点，通过聚焦重大制度政策创新、重要平台搭建等，加快推动现代环境治理体系建设。广东从推行排污许可制、探索生态补偿及生态环境损害赔偿制度、优化水资源配置、实施多元化生态保护修复、推行生物多样性保护、推进以国家公园为主体的自然保护地建设、生态产品价值实现机制等方面探索生态环境治理体系建设。

（一）推行排污许可制

广东较早推行排污许可制，为环境污染戴上“紧箍咒”。早在2008年，排污许可证作为一种新的环境管理工具引入广东。2011年发布的《关于实施排污许可制度的指导意见》标志着排污许可制度在广东正式实施。2016年，排污许可制度在广东全省开始推广，覆盖了更多的行业和区域，制度详细规定了各类污染源的排污许可标准和申报要求，加大了对违规排污行为的惩罚力度。

全面完成排污许可全覆盖。广东于2020年9月完成固定污染源排污许可“全覆盖”任务。2021年以来建立健全排污许可证质量保障机制，开展排污许可证和执行报告质量常态化审核，推进排污许可提质增效。截至2023年底，广东省全面完成排污许可“双百”和限期整改“清零”任务，排污限期整改企业全部“清零”，实现排污单位全部依法持证排污。

积极推行排污许可制度改革试点。组织深

圳、佛山、东莞和广州市黄埔区、深圳市宝安区探索生态环境分区管控、规划环评、建设项目环评与排污许可制度融合衔接，推动健全环评与排污许可全链条管理。

加强排污许可执法监管。通过非现场检查和现场检查相结合的方式，推动形成了以排污许可制为核心的固定污染源执法监管体系。推动科技赋能，全省环保部门利用大数据和人工智能技术，对排污数据进行分析，实现了排污管理的智能化和精细化。

（二）探索生态补偿及生态环境损害赔偿制度

生态补偿让青山有“价”，绿水含“金”。广东在生态补偿方面的政策探索始于 2000 年，这标志着生态环境保护实践的初步尝试。2005 年，广东在全国范围内引入生态补偿机制，在珠江上游和北江流域实施了跨流域生态补偿试点项目。2007 年，广东出台了中国第一部地方性生态补偿政策《广东省实施生态补偿办法》。

党的十八大以来，广东进一步完善生态补偿机制，增强生态补偿的实效性和覆盖范围。

完善制度建设。省和各地级以上市均出台改革实施方案，建立生态环境损害赔偿改革制度体系，持续将制度落实情况纳入全省环境保护责任暨污染防治攻坚战考核、省级生态环境保护督察，建立健全严考核、硬约束工作机制。2014 年，广东新增了对生物多样性保护的补偿条款，扩大了生态补偿的应用领域，包括森林、湿地和海洋保护区。

创新工作实践。2015 年，广东在东莞和江门首次推出生态环境损害赔偿试点工作。2021 年以来，广东在生态补偿及环境损害赔偿领域进行了一系列创新和制度优化，利用大数据和信息化技术，提升了生态补偿和环境损害评估的准确性和效率。积极完善公众参与机制，让社会各界参与、监督生态补偿项目，确保补偿资金的合理使用和效果最大化。

立足“多办案办好案，化积案督大案”。推动生态环境损害赔偿案件数质双提升。截至

2024 年 6 月 30 日，广东累计开展索赔实践 642 宗，鉴定评估总金额约为 20.94 亿元，一批受到损害和破坏的生态环境得到治理修复。

落实跨省流域生态保护补偿机制。2015 年起，广东分别与广西、江西、福建建立九洲江流域、东江流域、汀江—韩江流域上下游横向生态补偿机制。截至 2024 年，广东累计拨付跨省流域生态补偿资金 24.45 亿元，巩固跨省流域综合治理成果，考核断面水质稳中向好。探索建立省内流域生态环境保护财政激励机制。2020 年起，先后在东江、北江流域开展生态环境保护财政激励。2020—2024 年，省财政已累计拨付 8 亿元省级激励资金，推动有关流域上下游形成联防共治新格局。

以生态保护补偿制度“护绿”“增绿”“活绿”，定能让绿水青山底色更亮、金山银山成色更足，努力开创天更蓝、山更绿、水更清的美丽广东建设新局面。

（三）优化水资源配置

水是生存之本、文明之源。水安全是生存的基础性问题，要高度重视水安全风险，不能觉得水危机还很遥远。如果用水思路不改变，不大力推动全社会节约用水，再多的水也不够用。

广东因水而美，因水而兴。广东雨量丰沛但水资源时空分布不均，水资源供需矛盾突出。党的十八大以来，广东设立省市县镇村五级河湖长 3.8 万名，构建了“党政领导、河长主导、部门协同、流域统筹、齐抓共管”的治水兴水大格局，提升供水保障水平。

2023 年 4 月，习近平总书记考察国家水网骨干工程——环北部湾广东水资源配置工程，要求广东“加快全面推进水资源配置工程建设，推动解决区域发展不平衡问题”①。广东牢记总书记的殷殷嘱托，系统谋划广东水网建设：一

① 《坚定不移全面深化改革扩大高水平对外开放　在推进中国式现代化建设中走在前列》，《人民日报》2023 年 4 月 14 日。

是坚持节水优先，出台一系列法规制度，统筹推动工业、农业、城镇生活等各领域节水；二是坚持空间均衡，统筹广东水网建设，全面提升全省水资源调配能力；三是坚持系统治理，打造绿美碧带建设幸福河湖，截至 2023 年底，全省已累计建成碧道 6278 千米；四是坚持两手发力，抓好项目储备、重大工程建设、银企合作融资、新业态培育四项任务落实，为进一步扩大水利有效投资奠定坚实基础。

“问渠那得清如许？为有源头活水来。”以水为媒，城市也因水而“更紧密”。河湖安澜、秀水长清、水美业兴，只要继续坚持习近平总书记的治水思路，治水之路就能越走越宽广。

（四）实施多元化生态保护修复

党的二十大报告强调“加快实施重要生态系统保护和修复重大工程”①。广东启动省级国

① 习近平：《高举中国特色社会主义伟大旗帜　为全面建设社会主义现代化国家而团结奋斗——在中国共产党第二十次全国代表大会上的报告》，人民出版社 2022 年版，第 51 页。

土空间生态修复规划编制，围绕“实现安全功能、实现生态功能、兼顾景观功能”三大重点，坚持陆海统筹、生态优先理念，开展生态修复规划十大专题研究，作好绿水青山间的生态答卷。

强化规划引领，系统推进生态要素协同治理。广东先后出台省国土空间生态修复规划及红树林保护修复、历史遗留矿山治理等专项规划，推进省、市、县各级国土空间规划编制出台，科学划定生态保护红线面积。2023 年全省完成红树林新造 2752 公顷、修复 2105 公顷，治理历史遗留矿山 2045. 26 公顷。

强化工作统筹，以土地综合整治推动乡村生态修复。组织召开省首届全域土地综合整治项目推介活动，为乡村生态修复引入金融活水，指导各试点地区将重大生态工程实施、“五边”绿化美化品质提升融入整治工作，2023 年各试点共开展生态修复 13. 1 万亩。

强化数字化引领技术赋能生态环境监测。初步构建集全域实时感知能力、数据高效服务能力、问题动态发现能力、任务分发调度能力于一体的生态环境信息化综合管理平台。

强化社会参与，拓展“两山”转化路径。推动我国首单滨海盐沼生态系统碳汇产品交易，深圳市以全国最高单价完成全国首单红树林保护碳汇拍卖，拍卖收益反哺红树林保护与修复。

链接

城市“伤疤”变成生态公园 废弃矿坑实现华丽转身

——广东茂名露天矿生态公园变形记

茂名油页岩矿金塘矿区位于茂名市茂南区，历经30多年的开采和停采后的多年雨水积聚，露天矿形成了一条长5.2千米、宽1千米、面积约6平方千米、最深处超过百米的露天矿坑，并积水形成“酸水湖”“臭水湖”，严重影响了周边民众的生活。2013年10月，茂名市委、市政府采用“引水、种树、建馆、修路”总体建设思路，对露天矿采矿场进行全面的生态修复。

一是开展改善水质工程。通过建设引水渠，使矿坑湖与高州水库、鉴江、小东江水系连成一体。引水入湖打通水系，彻底改变了矿湖水质。依法关闭了周边数十家红砖厂、洗矿厂、小炼油厂，环境得到进一步改善。

二是开展复绿工程。从2014年开始，每年开年上班第一天，茂名市领导带头，机关单位、人民团体、政协委员和人大代表到露天矿区造林种树，成了一项固定活动。党政机关、企事业单位、爱心企业及广大市民也踊跃认种、认养、认捐，到矿区“见缝插绿”种树。矿区已种树复绿9000多亩，种植林木约50万株，大量的林木种植，有效改善了矿区的生态环境。

三是开展建馆工程。露天矿承载着城市记忆和矿业历史文化，是典型的工矿业遗迹。依托矿区废弃厂房，就地取材，茂名在矿区里修建起了广东首家矿产遗址博物馆。

四是开展修路工程。露天矿区先后改造修建了主、支线道路9条，形成了约43千米贯通矿区内外的公路网，同时还建成了绿道、亲水平台等景观，既解决了矿区周边村民出行困难问题，又盘活了露天矿生态资源、观光资源。

在对露天矿进行生态修复的同时，茂名市政府又关停了矿区附近环保不达标的十几家洗矿厂、皮革厂、小炼油厂，露天矿及其周边生态环境进一步改善。如今，水变清了、山头变绿了，在这儿栖息的水鸟变多了。“城市伤疤”已成历史，露天矿生态公园成为茂名一张绿色生态新名片。

（五）以自然之道推行生物多样性保护

“万物各得其和以生，各得其养以成。”生物多样性是人类赖以生存和发展的基础。近年来，广东省不断加强生态系统、生物物种、遗传资源保护工作，生物多样性保护实践不断丰富、探索不断深化、成效不断显现。

管理制度不断完善。先后制定了 20 余部生物多样性地方性法规、政府规章及多项规划，初步构建起生物多样性保护法规体系。

生态安全屏障不断筑牢。划定生态保护红线，各占陆域、海域面积的19.02%和25.62%。建立以南岭国家公园为主体的就地保护体系，自然保护地占全省陆海总面积的10.64%。形成以华南国家植物园为主体的迁地保护体系，建成9处国家级迁地保护基地。

生物安全管理不断强化。启动外来物种入侵普查和监测预警，加强农田、渔业水域等区域外来入侵物种治理。开展重大植物疫情阻截监测和防控，初步构建陆生野生动物疫源疫病监测预警体系。

寄情山水，草木怡情，饮食合乎时令……中华文明历来崇尚天人合一、道法自然，追求人与自然和谐共生。要在发展中保护，在保护中发展，万物并育而不相害，道并行而不相悖。对于所有生物来说，地球是一个整体，都是家园。

（六）推进以国家公园为主体的自然保护地建设

万物相形以生，众灵互惠而成。习近平总书记强调：“我们要深怀对自然的敬畏之心，尊重自然、顺应自然、保护自然，构建人与自然和谐共生的地球家园。”[1] 党的十八大以来，广东全面推行“严格的保护、科学的利用、精细的管理、高效的共享”理念，加快建立以国家公园为主体的自然保护地体系，给子孙后代留下珍贵的自然遗产。

全力统筹推进，南岭国家公园创建取得突破性进展。2020 年至 2022 年，广东连续三年将南岭国家公园创建工作列入省政府工作报告，全力推进创建南岭国家公园各项工作。2022 年 6 月广东正式向国家林业和草原局申请设立南岭国家公园。

---

① 习近平：《论坚持人与自然和谐共生》，中央文献出版社 2022 年版，第 292 页。

整合优化，加快打造“两园一中心”，自然保护地体系已初具规模。目前，广东建立了数量众多、类型丰富、功能多样的各类自然保护地，是全国唯一一个自然保护区建设示范省。以国家公园为主体、以自然保护区为基础、以自然公园为补充的自然保护地体系初见规模。自然保护地管控范围有效拓展，全省陆域自然保护地占陆域国土面积比例达13%。华南国家植物园成为全国第二家国家植物园；全省首个国家公园——南岭国家公园加快创建；国家林草局穿山甲保护研究中心建设稳步推进。

全面加强自然保护地监督管理。广东不断完善自然保护地生态保护补偿制度，探索自然保护地监督管理形式，加大资源管护力度。持续开展“绿盾”自然保护地强化监督工作，全面清理整治自然保护地内违法违规行为。

“一水护田将绿绕，两山排闼送青来。”新时代田园牧歌全面奏响，人与自然和谐共生的画面徐徐展开。

（七）探索多元、可持续的生态产品价值实现机制

处理好经济发展和生态环境保护的关系，是一个世界性难题，也是人类社会发展面临的永恒课题。

21 世纪初，广东在自然资源管理中逐步引入了市场机制，探索生态产品的价值实现，拓宽绿水青山转化“金山银山”的途径。2015 年，广东在全国推动水权交易试点，探索水资源资产价值实现。此外，积极探索土地复垦项目的投融资模式，通过土地开发权转让等方式，将退化土地恢复与商业开发结合起来，创造良好的经济和生态效益。广东凭借其在全国碳交易试点中的成功经验，进一步完善了碳交易系统，推动了碳市场的发展。

在“绿水青山就是金山银山”[①] 理念的指

---

① 《习近平谈治国理政》第 2 卷，外文出版社 2017 年版，第 544 页。

引下，新时代广东推动生态环境质量改善从量变走向质变，促进经济社会发展全面绿色转型，为经济发展增添“含绿量”“含金量”，降低“含碳量”，完善生态产品价值实现机制。

人不负青山，青山定不负人。我们保护好了绿水青山，大自然一定会把最珍贵的财富馈赠给我们，“常青树”就会变成“摇钱树”，让我们收获金山银山。

链接

靠山吃山唱山歌，靠海吃海念海经

——南澳岛的“山海经”

进入新时代，南澳县坚持“生态立岛、旅游旺岛、海洋强岛”战略，充分践行“两山”理念，推进海洋生态产品价值实现机制的实践探索，让优良的海洋资源和生态环境成为当地群众的“幸福不动产”和“绿色提款机”，走出了一条“绿水青山”向“金山银山”有效转化的绿色发展道路。

南澳岛实施生态保护修复工程，按照“生态兴岛、陆海统筹、系统修复”的思路，通过实施蓝色海湾整治、陆源污染减排、生物多样性保护、加强海上执法监管等一系列生态保护修复措施，擦亮美丽海岛的生态底色。

南澳岛以建设美丽宜居乡村为抓手，全域开展人居环境整治，全力打造生态宜居美丽乡村示范县。开展实施了生态宜居美丽乡村示范带（环岛南线）和美丽旅游岛（环岛北线）乡村振兴示范带建设工作，立足乡村振兴战略，扶持建设了一批生态良好、基础完善、特色鲜明的乡村旅游示范村。

南澳岛因地制宜，突出特色，发展海岛生态文体旅产业。坚持“产业低碳、生态固碳、设施零碳、机制减碳”的建设主线，探索海岛零碳发展模式。科学规划和开发海岛风能、光伏项目，提升低碳、绿色可再生能源的比重。持续推进“海上风电+海洋牧场”产业融合发展，探索打造集海洋牧场、文旅休闲、风电延伸于一体的示范项目。

三、他山之石：浙江玉环岛生态修复的和美答卷

玉环地处东海之滨，海域面积 1901 平方千米，海岸线长度 351.6 千米。玉环拥有浙江省重要且稀缺的海岛砂砾质岸线资源，但玉环近海开发利用活动强、台风较多，部分砂砾质岸线退化严重，部分人工岸线存在安全隐患，海堤生态功能不足。为此，玉环积极践行“绿水青山就是金山银山”，牢牢把习近平总书记“提前把玉环建设成花园式港口城市”的重要指示作为根本遵循，从“点上开花”到“以点带面”“串珠成链”，持续推进海洋生态系统保护修复，焕发“活力海岸”新生机，实现生态效益与经济效益共赢，获评全国首批和美海岛荣誉。

（一）海洋生态如何系统修复？

玉环市坚持“高站位谋划、全方位布局、

多点位实施”的思路，锚定“和美海岛”建设目标，生态修复由点向线、向面逐步扩展。

针对生态退化问题，实施了多个海洋生态修复项目。在西海岸开展红树林盐沼湿地修复，东海岸实施砂砾质岸线修复，同时强化人工岸线生态提升，已累计整治修复岸线 14 千米、沙滩 23 公顷、红树林 70. 96 公顷，实现红树林由少到多，砂砾质岸线从侵蚀到稳定的转变。在此期间，于 2016 年建立国家海洋公园，补齐了海洋生态安全的短板。

守护生态底色，绘出美丽岸线。为提升当地近岸滩涂盐沼和红树林生态系统功能，在大麦屿下青塘滩涂种植红树林 72 亩，以及玉城、海山等玉环西部海岸补植与保护红树林 600 亩，在改善海洋生态环境的同时逐步实现“岸绿、滩净、湾美、岛丽”，促进海洋生态文明建设和经济社会的可持续发展。

（二）“还海护生态”如何实现？

针对海湾淤积、水流不畅、湾内水体富营

养化严重、水质变差等问题，玉环实施“建桥撤坝”贯通水系，通过拆除漩门大坝，打开100米宽的通道，实现水系联通，增加湾内水体容量，提高周边乡镇的防洪排涝能力，改善湾区生态环境。

开展互花米草清理和边界防护工作，通过封滩育林促进底栖生物恢复，修复区内底栖生物的丰富度指数和多样性指数提高了10%，提升了生物多样性。打造海堤分层新模式，将防灾减灾、生态防护和文化休闲综合运用于海堤生态设计，打造“牡蛎礁/红树林/沙滩—海堤—植被防护”分层模式，实现生态减灾协同增效。

玉环从“向海要土地”到“还海护生态”，生动展现了发展理念向可持续发展的转变。完成海岸线整治修复7.4千米、盐沼整治修复面积3.89公顷、红树林修复面积40公顷，修复受损的海岸带、海岛生态环境，恢复近岸红树林和盐沼生态系统服务功能及岸线生态功能，促进生物多样性保护，提升岸线稳定性和自然灾害防护能力，完善海洋生态系统保育保全，为玉环筑牢海洋生态安全屏障。

（三）海岛“钱景”无限如何变现？

开启蓝色引擎，助力海洋经济。好生态好风景带动了全域旅游和乡村振兴，让这座在东海上默默无闻的寂静小岛一跃成为集海鲜美食、渔家体验、民宿度假于一体的慢生活休闲网红海岛。政府结合自然风光、民俗风情、渔文化、美食元素，推出了一系列览海景、品海韵、尝海鲜、享闲适、感自在的时尚休闲产品，携手本岛的渔民、居民努力开启共富之门。

玉环通过海洋生态修复擦亮当地旅游名片，带动地方经济的发展。鸡山岛沙滩修复有力支撑了鸡山岛“休闲漫岛、渔韵鸡山”品牌形象的塑造，鸡山岛也连续三年举办闯海节等活动，2023 年，鸡山岛游客已达 22 万人次，与修复前相比，增长高达 346%。借助修复地所在的地理位置优势，吸引企业和人才入驻，为当地乡村振兴注入了强劲动力，实现“生态美、产业兴、百姓富”。

新修复的沙滩为玉环增加多处亲海空间，成为新的旅游目的地和网红打卡点。鲜叠沙滩与台州滨海1号公路相接，成为台州滨海旅游带重要节点；海山乡的红树林基地也成为生态意识科普场所，观海长廊和沿岸红树林吸引了众多游客前来观赏。当地居民开门即可观海、亲海、赶海、玩沙、赏红树，让老百姓“望得见山，看得见海，记得住乡愁”，切实提升了当地居民的幸福感、获得感和自豪感。

四、贯彻落实：续写健全生态环境治理体系的广东篇章

为深入贯彻落实党的二十届三中全会关于健全生态环境治理体系的决策部署，广东将结合实际向改革要动力、向创新要活力，进一步健全生态环境治理体系，主要包括积极探索建立适合广东实际的环境健康风险评估管理制度体系；积极构建以国家公园为主体的自然保护地体系；率先探索与国际接轨的生态环境管理

体系；健全县镇村绿化工作机制，推动打造绿美广东生态建设示范带；健全横向生态保护补偿机制等方面。

（一）积极探索建立适合广东实际的环境健康风险评估管理制度体系

环境问题是导致人体健康危害的重要因素之一，如果控制不当，可能由于环境污染而产生群体性疾病。如日本20世纪出现的水俣病等。2014年修订的《中华人民共和国环境保护法》第三十九条规定："国家建立、健全环境与健康监测、调查和风险评估制度；鼓励和组织开展环境质量对公众健康影响的研究，采取措施预防和控制与环境污染有关的疾病。"这是我国首次在法律中对环境与健康工作作出明确要求，为其提供了法律依据与支撑。生态环境部发布《关于确定2023年国家环境健康管理试点名单的通知》和《关于确定2024年国家环境健康管理试点名单的通知》，分别正式将深圳、广州确定为国家环境健康管理试点地区。

当前，广东环境与健康的监测、调查和风险评估制度的主管部门不明确；部门之间相互交流不足，信息共享渠道有限，沟通协调机制不畅；经费不足、设备不足、人才储备不足，环境与健康工作能力建设有待加强；地市级层面的环境与健康调查工作尚未完全开展。

建立适合广东实际的环境健康风险评估管理制度体系可以从以下方面着手：一是全面梳理环境与健康工作的管理职能，进行资源整合，建立健全行之有效的环境与健康工作衔接机制；二是加大投入，健全人才培养机制，深入开展基础技术研究，全面提升环境与健康的工作能力建设；三是探索建立“环境与健康”风险评估中心，将环境评估等研究工作纳入统一管理，有效推进全省环境与健康风险评估工作的开展；四是由省生态环境厅牵头，联合卫健委，结合广东重点地区、重点行业环境污染情况，进行深入调研，建立预警机制。

（二）积极构建以国家公园为主体的自然保护地体系

为深入贯彻落实党的二十届三中全会提出“全面推进以国家公园为主体的自然保护地体系建设”的决策部署，广东将积极构建以国家公园为主体的自然保护地体系，推进建设南岭国家公园、丹霞山国家公园，高标准建设华南国家植物园。

加快推进南岭国家公园设立，构建具有全球意义的亚热带常绿阔叶林生态系统生物多样性保护地和野生动植物基因库；稳步推进丹霞山国家公园创建，保护丹霞地貌地质资源，维护景观价值、文化价值与生物多样性价值，构建具有世界代表性的自然遗产保护地。

构建具有岭南特色的自然保护区体系。充分挖掘具有广东特色的典型自然生态系统、地方自然景观以及丹霞、岩溶、玛珥式火山、海蚀等地貌景观和自然遗迹，划入自然公园，促进形成多样化的自然保护地体系。科学划定各类自然公园范围，有效保护自然资源及其承载的景观、地质地貌和文化多样性。加大对自然教育与生态体验等领域投入，依法依规、合理适度开展生态旅游，发展绿色经济，将自然公园建设成为人民群众共享的绿色空间。

高质量推进华南国家植物园建设，以华南地区植物迁地保护为重点，积极推进珍稀濒危植物迁地保育中心和华南种质资源库、植物迁地保护与利用科研平台、华南植物资源研发中心及示范点、自然教育馆等平台建设，打造体现岭南园林文化特色的国际一流专类园，努力建成示范性、引领性的国家植物园。

（三）率先探索与国际接轨的生态环境管理体系

2023 年 7 月，习近平总书记在全国生态环境保护大会上强调，“各地区特别是京津冀、长江经济带、粤港澳大湾区、长三角地区、黄河流域等区域，要根据高质量发展要求和自身特色，加强区域绿色发展协作，在实施区域重大战略中进一步谋划好、规划好、落实好生态环保工作，建设美丽中国先行区。”① 这为建设粤港澳大湾区美丽中国先行区指明了方向。《中共中央　国务院关于全面推进美丽中国建设的意见》提出，深化粤港澳大湾区生态环境领域规则衔接、机制对接，共建国际一流美丽湾区。共建国际一流美丽湾区是建设美丽中国先行区的重要内容。广东充分发挥毗邻港澳的区位优势，将率先探索与国际接轨的生态环境管理体系。

粤港澳生态环境同保护共治理的格局逐步形成，区域生态环境质量和绿色发展水平走在全国前列。但对标国际一流湾区，粤港澳大湾区生态环境品质仍有一定差距，同时，粤港澳三地生态环境管理体系、标准体系、监测网络、评价体系等方面存在较大的差异，且粤港澳三地在创新空气质量评价、跨区域协同处置固体废物、联合开

---

① 习近平：《以美丽中国建设全面推进人与自然和谐共生的现代化》，《求是》2024 年第 1 期。

展海洋执法和应急处置、港口航运信息互通等方面的衔接对接还需进一步探索，因而，需要加快构建和完善三地生态环境管理体系。

对标美丽中国先行区的目标要求，广东将携手港澳谋划共建美丽湾区合作路径，推动重点领域规则衔接、机制对接，创新推动重大战略平台示范先行，建立部省共建国际一流美丽湾区工作机制，积极推动构建由粤港澳三地生态环境部门共同参与的“1+3”合作机制。

在谋划共建美丽湾区合作路径方面，广东可以制定出台建设美丽中国先行区行动方案和政策举措，在美丽蓝天、美丽河湖、美丽海湾、美丽城市、美丽乡村、美丽园区等多维度开展示范建设，形成一批具有湾区特色的示范引领典型，全领域、全方位、全地域推进美丽中国先行区建设。

在创新推动重点领域规则衔接、机制对接方面，广东在原有粤港、粤澳生态环保合作的基础上，将推动建立更加紧密务实的粤港澳生态环境保护合作机制，聚焦大气污染联防联控、海洋环境保护、应对气候变化、固体废物协同处置等重点领域，深化规则衔接、机制对接，推动联合发布大湾区空气质量健康指数，探索提出生态环境保护“湾区标准”清单等。

在创新推动重大战略平台示范先行方面，广东将以横琴、前海、南沙等重大合作平台为载体，推动三大平台深度参与全球环境治理和交流合作，强化绿色金融、绿色贸易、绿色技术等领域国际合作，实现高水平互利共赢。

（四）健全县镇村绿化工作机制，推动打造绿美广东生态建设示范带

《中共广东省委关于贯彻落实党的二十届三中全会精神　进一步全面深化改革、在推进中国式现代化建设中走在前列的意见》提出，健全县镇村绿化工作机制，推动郊野公园、山地公园、湿地公园建设，强化古树名木保护，加快打造绿美广东生态建设示范带。

一是全省各地统筹推进“百千万工程”和绿美广东生态建设，统筹“四旁”“五边”绿

化，在城市留白空间、城镇近郊、乡村周边等与自然交会处，采取近自然的手法建设县镇村绿化示范点，结合“百千万工程”典型镇村培育，明确在什么地方种树、种什么树、种多少树，明确完成时限、责任分工和有关要求，在群众看得见、摸得着、易亲近的地方打造一些县镇村绿化示范点，增强群众获得感、幸福感。

二是要进一步优化工作机制，建立指挥有力、上下贯通、协同推进的组织体系，做到统筹联动、高效协同，蹄疾步稳推动县镇村绿化工作有章有法开展。

三是广大党员干部要发挥先锋模范作用，带头对自家房前屋后进行绿化美化，带头建设“美丽庭院”“四小园”，带头开展“三清三拆三整治”，带头参加义务植树活动，带头做好村民的思想引导和组织发动工作，掀起全社会共同建设绿美家园的新热潮。

四是坚持“兴绿”产业富民，以产业和科技互促双强为动能，发展林业新质生产力，提升现代林业产业发展水平，打造油茶、竹子、林草中药材、花卉苗木、家具加工、香料香精、生态旅游、森林康养等林业产业集群，打造“粤林+”特色品牌，拓宽林业产业市场，加强林业品牌建设，促进林业产业提质增效，实现生态美、产业强、百姓富。

（五）健全横向生态保护补偿机制

为深入贯彻党的二十届三中全会提出的“健全横向生态保护补偿机制”的决策部署，广东将充分利用现有政策，在总结流域横向生态保护补偿机制成功经验的基础上，加强与其他省份沟通协商，深化横向生态保护补偿机制建设。

横向生态保护补偿是一种促进生态保护区域外部性内部化的政策工具，有利于流域上下游形成流域治理协同效应。当前，重点流域水环境综合治理面临的结构性、根源性矛盾尚未根本缓解，水环境状况改善不平衡不协调的问题突出，与美丽中国建设目标要求和人民群众对优美生态环境的需要相比仍有不小差距。对此，要健全流域横向生态保护补偿机制，更好发挥横向生态保护补偿在提升流域治理体系和治理能力水平中的作用，努力探索上游主动强化保护、下游支持上游发展的互利共赢之路。

根据中共中央、国务院发布的《生态文明体制改革总体方案》，流域横向生态补偿机制建设以地方为主，并且把粤桂九洲江纳入跨地区生态补偿试点，同时财政部对粤桂九洲江流域3轮补偿协议安排奖励资金14亿元。因而，广东可以根据《生态保护补偿条例》，健全横向生态保护补偿机制，积极探索新模式，不断加大东江、西江、北江、韩江、鉴江等流域横向生态保护补偿。

第三章　健全绿色低碳发展机制

党的二十届三中全会提出，健全绿色低碳发展机制。这是基于建设人与自然和谐共生的中国式现代化作出的重大部署，同时也是推动实现“双碳”目标的战略路径和重点任务。习近平总书记指出：“要打破旧的思维定式和条条框框，坚持绿色发展、循环发展、低碳发展。”[①] 从长远来看，绿色低碳发展不仅是实现碳达峰、碳中和的必要步骤，更是推动经济全面转型、提升国家竞争力的必然选择。

---

① 《习近平谈治国理政》第 1 卷，外文出版社 2018 年版，第 350 页。

一、精神解读：健全体制机制推动绿色低碳发展

《决定》第四十九条健全绿色低碳发展机制部分，瞄准“双碳”目标，为形成推动绿色低碳发展的根本动力和制度保障，制定了8项举措，涵盖加快构建绿色低碳循环发展经济体系、加快规划建设新型能源体系、积极稳妥推进碳达峰碳中和等方面。

（一）加快构建绿色低碳循环发展经济体系

习近平总书记强调：“建立健全绿色低碳循环发展经济体系、促进经济社会发展全面绿色转型是解决我国生态环境问题的基础之策。”[①]中国面临着资源消耗总量大、环境压力大、碳

---

① 《习近平著作选读》第2卷，人民出版社2023年版，第463页。

排放总量和强度较大的现实挑战，传统经济发展模式难以为继。同时，绿色低碳循环发展是全球经济发展的大趋势。要实现“双碳”目标，建设人与自然和谐共生的中国式现代化，必须走绿色低碳循环发展之路，加快构建绿色低碳循环发展的经济体系。《决定》指出，实施支持绿色低碳发展的财税、金融、投资、价格政策和标准体系、发展绿色低碳产业、健全绿色消费激励机制；优化政府绿色采购政策，完善绿色税制；完善资源总量管理和全面节约制度，健全废弃物循环利用体系。

1. 实施支持绿色低碳发展的财税、金融、投资、价格政策和标准体系

完善的财税政策通过经济杠杆为绿色低碳发展提供激励和保障，吸引更多企业和个人参与到绿色低碳转型中来。作为引导全社会向“绿”而行的“指挥棒”，我国已逐步建立起以环境保护税为核心，以资源税、消费税、车船税、车辆购置税等税种为补充的绿色财税政策体系。

金融是支持绿色低碳发展的重要支柱。截至 2023 年底，我国已构建起多层次绿色金融产品体系，绿色信贷市场规模居全球第一，绿色债券规模也居全球前列。金融机构不断创新绿色产品，推出绿色保险、碳金融工具等，为绿色低碳发展提供了更加多元化的支持手段。

投资是撬动绿色转型的关键杠杆，合理的制度设计和激励政策，可以有效引导社会资本流向绿色低碳项目，加速新技术、新模式的推广应用。健全绿色低碳投资的政策体系，形成“政府引导、市场主导、社会参与”的多元化绿色投资格局，可为绿色低碳发展提供坚实的资本保障。

价格政策是引导市场主体行为的重要手段，通过合理的价格信号，企业能够更明确地看到节能减排的经济价值，消费者也更愿意选择绿色产品。我国在电力、天然气等资源性产品领域已逐步建立差别化价格政策，通过阶梯电价鼓励居民节约用电、实施惩罚性电价抑制高耗能企业过度生产。

标准体系是引导行业绿色低碳转型的基石，其重要性不亚于法律法规。绿色标准通过明确技术指标和评价体系，为行业的绿色发展划定了规则与路径。目前，我国已在建筑节能标准、新能源汽车技术要求、绿色产品评价标准等方面，为企业绿色低碳技术创新和市场推广提供了规范化指引。

2. 发展绿色低碳产业

绿色低碳产业的发展既是破解资源环境约束的关键举措，也是推动经济结构升级和实现可持续发展的必由之路。

中国作为全球制造业大国，能源资源的高消耗和环境压力一直是制约经济发展的重要因素。绿色低碳产业的兴起为这一问题提供了解决之道。通过技术创新，绿色低碳产业为传统高能耗行业注入了新活力；通过全产业链协同、消费模式转变，推动资源的高效循环利用。

近年来，中国在绿色低碳产业发展方面已取得显著成效。以新能源产业为例，截至 2023 年底，中国光伏发电累计装机容量超过 6 亿千瓦，连续多年位居世界首位。新能源汽车产业也快速崛起，新能源汽车年销量突破 800 万辆，占全球市场份额近 60%。此外，绿色建材、节能设备、环保技术等领域也取得了长足进展，构建起较为完善的绿色产业链。

3. 健全绿色消费激励机制

健全绿色消费激励机制是健全绿色低碳发展机制的重要内容。从环境保护的角度看，绿色消费能够有效减少资源浪费和污染排放。从经济发展的角度看，绿色消费将激发市场对绿色产品和服务的需求，推动绿色产业的发展，进而形成经济发展的新增长点。从社会效益看，绿色消费能够促进全民绿色生活方式的普及，引导公众在日常生活中践行低碳环保的理念，为“双碳”目标的实现奠定坚实的社会基础。

近年来，我国在绿色消费激励机制方面已取得显著成效。能效标识制度鼓励消费者选择节能家电，仅 2022 年就带动节能家电销售额超过千亿元，节能减排效果显著。2024 年“大规模设备更新”和“消费品以旧换新”政策的实施，有力提升了绿色、低碳产品的销量。全国多地实施垃圾分类积分奖励计划，通过兑换商品、折扣等方式，鼓励居民积极参与垃圾分类。绿色建筑同样得到了政策扶持，节能住宅逐步成为市场主流，绿色家居的理念深入人心。

4. 优化政府绿色采购政策，完善绿色税制

绿色采购政策是政府以“绿色消费”带动“绿色生产”的有效路径。一方面，绿色采购具有强大的示范效应。政府作为市场的主要买方之一，其采购行为直接影响市场的供需关系。通过优化绿色采购政策，能够引导企业绿色低碳转型发展，带动绿色产品在更大范围内推广应用。另一方面，绿色采购是促进绿色低碳产业和节能减排技术发展的重要推动力。通过政策支持，企业能够看到绿色技术的市场前景，从而加大研发投入，加速技术创新，推动整个产业链的升级。

完善绿色税制是引导绿色转型的重要工具。通过科学设计税制，直接提高污染企业的环境治理成本，引导其调整生产方式，从源头上减少污染排放。通过对绿色产业的税收减免，可以降低绿色技术和产品的使用门槛，加速全社会向绿色消费转型。此外，税收政策还可以成为生态保护的有效工具，通过对生态资源的定价，促使人们合理开发与利用自然资源。

5. 完善资源总量管理和全面节约制度，健全废弃物循环利用体系

完善资源总量管理和全面节约制度，是应对资源环境挑战的重要举措。当前，中国资源对外依存度较高，水资源、土地资源匮乏和生态承载能力有限的基本国情未变，节约与高效利用资源已成为经济社会可持续发展的迫切需求。同时，全球资源竞争愈演愈烈，中国必须在资源管理和利用效率上抢占先机，保障国家发展和安全。完善资源总量管理和全面节约制度，树立“能水粮地矿材”一体化节约理念，推行全过程管理和全链条节约。

推动废弃物循环利用体系的建设，是破解资源环境瓶颈的重要措施。从资源的视角看，“垃圾是放错了地方的资源”。中国每年产生的大量工业废弃物和生活垃圾，蕴含着巨大的资源化潜力，科学合理地循环利用，可以减少对原生资源的依赖。从环境的视角看，废弃物的资源化有效减少了污染物排放，改善城乡环境质量，助力生态文明建设。从低碳的视角看，废弃物的资源化通过材料替代、流程优化、燃烧替代、能效提升和产品循环等，实现多维度降碳，有力支撑“双碳”目标实现。中国作为全球最大的资源消费国，健全废弃物循环利用体系，能够为全球可持续发展作出重大贡献。

（二）加快规划建设新型能源体系

习近平总书记强调，要科学规划建设新型能源体系，促进水风光氢天然气等多能互补发展。[①] 党的二十届三中全会对新型能源体系的发展作出系统部署，提出“健全煤炭清洁高效利用机制；加快规划建设新型能源体系，完善新

① 《推动新时代治蜀兴川再上新台阶　奋力谱写中国式现代化四川新篇章》，新华网 2023 年 7 月 29 日。

能源消纳和调控政策措施”。

我国立足能源资源禀赋，持续加强能源产供储销体系建设，在确保能源安全的前提下，加快推动能源绿色低碳转型。

1. **健全煤炭清洁高效利用机制**

我国是“富煤”国家，煤炭资源储量丰富。煤炭是我国能源消费的“主力军”，2023年，我国煤炭消费量占总能源消费量的55.3%，在短期内难以被完全取代[①]。然而，传统粗放的煤炭利用模式带来的高污染、高排放问题，与碳达峰碳中和目标背道而驰。因此，推动煤炭清洁高效利用，既是摆脱资源环境双重约束的现实之策，也是能源行业绿色低碳转型的必由之路。通过推广超低排放技术、优化燃烧工艺、发展碳捕集技术，可以显著降低煤炭的碳排放总量和强度，为我国实现“双碳”目标赢得时间和空间。同时，健全煤炭清

---

① 自然资源部编：《中国矿产资源报告（2024）》，地质出版社2024年版，第6页。

洁高效利用机制有助于推动产业链上下游的技术革新和高质量发展，推动能源体系从传统向现代转型，为建设清洁低碳、安全高效的能源体系夯实基础，确保能源革命和生态文明建设协同推进。

2. 加快规划建设新型能源体系，完善新能源消纳和调控政策措施

新型能源体系，是清洁、低碳、安全、高效的能源体系，其核心是减少对化石能源的依赖，推动能源使用方式的颠覆性变革，从而大幅降低碳排放强度。新型能源体系如同绿色发展的引擎，有望催生多个创新技术，带动风能、光伏、储能等绿色产业蓬勃发展，创造出大量的新岗位，为经济注入源源不断的新活力。同时，新型能源体系有望优化能源供需的空间格局，减少地域和时节的限制，显著提升整个能源系统的韧性与效率。

随着我国新能源装机规模迅速增长，风电、光伏等可再生能源已成为发电装机新增主力。然而，这些能源具有波动性和间歇性的特点，消纳难度大，调控能力不足的问题日益显现。如果无法有效消纳和调控，新能源就会陷入“有电难发”的困局，资源浪费与电网安全风险并存。通过完善消纳机制，可以提高新能源并网水平，推动风光资源优化配置，促进区域间电力互济互补。健全调控政策，则能够增强电网应对波动的韧性，确保能源供需平衡和系统安全运行。完善新能源消纳和调控，是将资源优势转化为发展优势的关键，是实现能源革命的重要一步。

（三）积极稳妥推进碳达峰碳中和

实现“双碳”目标需要立足国情，等不得也急不得。一些地方，在执行相关政策时，出现“跑偏”现象。有的搞“碳冲锋”，有的搞“一刀切”、运动式“减排”，甚至出现“拉闸限电”的情况，严重影响人们正常的生产生活。习近平总书记指出，“实现‘双碳’目标是一场广泛而深刻的变革，不是轻轻松松就能实现的”[①]。因而，必须立足我国能源资源禀赋，坚持先立后破，深入推进能源革命，逐步转向碳排放总量和强度“双控”制度，有计划分步骤地把这项艰巨任务推向前进。《决定》指出，完善适应气候变化工作体系；建立能耗双控向碳排放双控全面转型新机制；构建碳排放统计核算体系、产品碳标识认证制度、产品碳足迹管理体系；健全碳市场交易制度、温室气体自愿减排交易制度。

1. 完善适应气候变化工作体系

在全球气候变化日益严峻的背景下，极端天气事件频发，给我国粮食安全、生态系统、城市韧性和公共卫生带来了巨大挑战。近年来，我国许多地区遭受了严重的洪涝、干旱、高温和台风等自然灾害，经济损失和民生压力显著增加，这些现象提醒我们，减缓气候变化固然

① 《习近平谈治国理政》第4卷，外文出版社2022年版，第372页。

重要，但适应气候变化同样迫在眉睫。

党的十八大以来，以习近平同志为核心的党中央高度重视应对气候变化工作，加强顶层设计，推动建立完善相关机制，加大工作力度，已经取得积极成效。截至 2023 年底，已有 24 个省（自治区、直辖市）印发实施省级适应气候变化行动方案，39 个市（区）开展深化气候适应型城市建设试点工作。

2. 建立能耗双控向碳排放双控全面转型新机制

在传统的能耗双控体系下，我国有效遏制了高耗能产业的盲目扩张，大幅提升了能源利用效率，推动了节能技术的广泛应用。然而，随着全球气候治理的加速推进，仅聚焦于能耗已经难以精准服务“双碳”目标。能耗控制主要关注能源使用的总量和强度，但不同能源品种的碳排放特性差异显著。例如，当煤炭和天然气产生相同热量时，前者的碳排放量远高于后者。这种差异使得能耗指标在碳减排的背景下存在一定的局限性。

碳排放双控机制则瞄准碳排放本身，从总量和强度两个维度入手，更加精准地应对高碳排放的产业和区域问题。近年来，我国在碳排放双控领域取得了一定成就。全国碳排放权交易市场于2021年启动，为碳排放双控奠定了市场基础。部分省市已率先开展碳排放总量和强度控制试点，通过设置碳排放配额，推动企业优化排放结构，减少碳排放总量。在未来，推动碳排放双控全面覆盖各行业，将有助于引导经济活动从高碳模式向低碳模式转型。

3. 构建碳排放统计核算体系、产品碳标识认证制度、产品碳足迹管理体系

没有精准的碳排放统计，就无法科学评估减排成效，更难以为政策制定和执行提供有力支撑。我国碳排放总量大、强度高，能源结构复杂，产业分布广泛，各行业、各区域碳排放情况千差万别，精准核算的难度和必要性并存。建立健全碳排放统计核算体系，可以帮助我们全面掌握碳排放现状，为政策规划提供数据支持。同时，通过动态监测可以及时发现问题，调整措施，确保减排行动高效推进。

产品碳标识如同绿色“身份证”，让消费者一眼就能看出产品从生产到使用的全生命周期碳排放量，进而引导公众选择低碳产品，养成绿色消费习惯。

碳足迹管理体系则为企业提供了一把精准的“碳尺子”，帮助其追踪每个环节的碳排放，找到减排潜力，优化生产流程。产品碳标识认证制度和产品碳足迹管理体系的构建，有利于让企业看清自己的碳账本，倒逼产业链各环节提效减排。

4. 健全碳市场交易制度、温室气体自愿减排交易制度

碳市场交易制度是推动碳减排的调节器。通过分配碳排放配额并允许企业间交易，碳市场构建了一套“谁多排谁买单、谁减排谁获益”的高效机制，直击高碳企业的排放“痛点”，同时为低碳企业提供经济回报。碳市场不仅帮助企业找到减排与效益的平衡点，也为全社会的碳减排提供了一种市场化解决方案。近年来，中国碳市场建设稳步推进，全国碳排放权交易市场自 2021 年 7 月上线以来，碳排放配额累计成交量超 6 亿吨，累计成交额超 420 亿元（截至 2024 年 12 月），充分显示出其在调控碳排放方面的潜力。

温室气体自愿减排交易制度是碳市场的灵活选项，为企业和个人参与减排提供了更多机会。通过造林增汇、清洁能源替代等多样化项目产生可交易的减排量，扩大了减排领域，创造了“用绿色赚收益”的可能。控排企业使用自愿减排量抵消部分碳排放，增强了碳市场的灵活性。相比强制性碳市场，自愿减排交易具有参与门槛低、领域广、形式多的特点，能够有效引导绿色低碳投资，支持减排效果显著但短期经济回报有限的技术和项目。2024 年 1 月，全国温室气体自愿减排市场重新启动，目前涵盖造林碳汇、并网光热发电、红树林营造等 6 种项目类型。截至 2024 年 10 月，已经公示减排项目 44 个，预计每年可产生核证自愿减排量 1137 万余吨。

二、广东探索：经济发展与环境保护的深度融合

党的十八大以来，广东深入学习贯彻习近平总书记关于绿色循环低碳发展的重要论述，持续推动绿色低碳发展，探索出一些好做法，取得了重要成就，书写了绿色低碳发展的广东篇章。

（一）绿色产业迅速兴起

绿色产业包括清洁能源、节能环保、绿色建筑等领域，门类非常广泛，本节选取广东的优势行业，以新能源汽车、环保产业和绿色建筑为代表，窥探广东绿色产业的发展态势。

新能源汽车成为亮点。广东致力于将新能源汽车打造成经济发展的新亮点，颁布了一系列激励措施，包括购车补贴、税收优惠以及充电桩建设的财政支持，极大地刺激了市场需求。2018 年出台的《广东省人民政府关于加快新能

源汽车产业创新发展的意见》提出“做大新能源汽车产业规模”，在资金支持、创新平台、产业集群方面进行具体部署。2023年广东新能源汽车产量253万辆，占全国新能源汽车产量的26%。比亚迪、广汽等本土企业在技术研发上不断加大投入，推出了多款高性能电动车，推动了整个产业链的绿色转型。与此同时，各城市纷纷加快充电设施建设，力争实现“充电无忧”，让市民享受畅通无阻的绿色出行。

环保产业增长势头强劲。环保产业主要包括节能电气设备、环保设备、固体废物处置利用、节能环保服务等。2023年出台的《广东省培育安全应急与环保战略性新兴产业集群行动计划（2023—2025年）》指出，提升环保产业创新能力，打造产业集聚，促进产业规模持续增长。以废物处理、污水治理和大气污染防治为核心，广东在全国率先建立了较为完善的环保产业体系，鼓励企业投资垃圾处理与资源回收项目，形成了良好的生态环境治理模式。广东还不断加大对环保技术研发的投入，支持本地环保企业创新发展，推动环保设备的智能化、数字化升级。《中国环保产业发展状况报告（2022）》预测到2025年、2030年、2035年，广东环保产业业务营业收入有望突破2400亿元、3200亿元、4200亿元，呈现强劲的增长态势。

绿色建筑发展如火如荼。2022年出台的《广东省建筑节能与绿色建筑发展“十四五”规划》指出，提升建筑节能降碳水平、推动装配式建筑提质扩面、促进绿色材料发展应用，推进绿色建筑高质量发展。截至2023年底，广东按一星级及以上标准建设的绿色建筑占新建民用建筑比例达到20%，其中珠三角九市比例达到35%。政府积极推广绿色建筑标准，已经建成的绿色建筑面积累计超过8亿平方米，涵盖住宅、办公楼和公共设施等多种类型。广东在绿色建筑材料领域也取得显著进展，获得绿色建材产品认证的有效证书共计1629张。其中，建材产品类认证证书707张，占全国获证数的27.3%，位居全国第一。

（二）新型能源体系初步建立

有观点认为，发展就是燃烧，烧掉的是资源，留下的是污染，产生的是 GDP。2023 年广东能耗总量约 4.0 亿吨标准煤，以占全国约 7% 的能源消耗支撑了全国约 10.8% 的经济总量，能耗强度位于全国前列。围绕新型能源体系的构建，广东在化石能源低碳化、低碳能源规模化、电力系统智能化三个方面积极探索。

化石能源低碳化是新型能源体系的基础。2022 年出台的《广东省碳达峰实施方案》提出“推进煤炭消费减量替代和清洁高效利用”，为化石能源的清洁高效改造指明方向。广东高度重视煤电的清洁高效利用。通过推广超低排放技术、进行节能改造、引入智能管理手段，煤电行业在发电效率和排放控制上均取得了积极进展。由于碳、氢比的差异，产生相同的能量，天然气产生的碳排放显著低于煤炭和石油。2022 年出台的《广东省能源发展“十四五”规划》提出“全面推进天然气在发电、工业、商业、交通、民生等领域的高效利用”。以深圳大鹏新区天然气电厂为例，该电厂年发电量可满足上百万户居民的生活需求，且其碳排放量仅为同等规模燃煤电厂的50%。为了进一步降低化石能源的碳排放，广东省在碳捕集、利用与封存（CCUS）方面开展多项探索。2024年出台《广东省培育发展未来绿色低碳产业集群行动计划》，部署碳捕集利用与封存先导工程，明确提出支持CCUS技术的创新研发和规模化应用，并设立专项资金用于CCUS试点项目的建设。

低碳能源规模化是新型能源体系的核心。习近平总书记强调，“我国风电、光伏等资源丰富，发展新能源潜力巨大”①。广东海岸线长达4100千米，居全国第一，海上风电资源优势明显，已然成为全国的“领风者”。2021年广东出台《促进海上风电有序开发和相关产业可持

① 《大力推动我国新能源高质量发展，为共建整洁美丽世界作出更大贡献》，《人民日报》2024年版3月2日。

续发展的实施方案》，提出“统筹推进粤东粤西两个千万千瓦级基地建设”的宏伟目标。从“平价上网”政策的出台，到海上风电项目审批的绿色通道建立，广东不仅为企业提供了有力支持，也为行业注入了持续动能。广东将光伏产业视为绿色经济的重要组成部分，积极引导产业发展，鼓励居民和企业安装光伏设备，实现了从地面电站到分布式光伏的一体化布局。2023 年，广东省能源局公布了 82 个集中式光伏项目的开发建设方案，建设规模为 10.93GW。省政府大力推动“光伏下乡”“光伏入城”计划，通过补贴和政策引导，鼓励农村居民、城市社区以及商业楼宇安装分布式光伏系统。以深圳龙岗区为例，2023 年该区已建成覆盖面积超过 100 万平方米的光伏屋顶，年发电量相当于减少了数千吨的碳排放量。

电力系统智能化是构建新型能源体系的引擎，提升能源利用效率和系统灵活性。随着清洁能源占比的不断增加，电力系统的调度和消纳压力也随之加大。为了让风电、光伏等清洁能源能够充分接入电网，广东大力推动电力系统的绿色化和智能化改造。2023 年出台的《广东省推进能源高质量发展实施方案（2023—2025 年）》提出制定新型电力系统的技术标准和安全标准，推动电力系统优化完善。

具体而言，广东通过建设智能电网和储能系统，提高电网对清洁能源的吸纳能力。智能电网方面，启动多项智能化调度项目，实现了清洁能源发电和电力需求的精准匹配。省电网公司与多个风电、光伏发电企业合作，建设了清洁能源智慧调度中心，在高峰用电时段，系统可通过优先调度清洁能源上网，减少对火电的依赖。储能系统方面，2023 年出台了《广东省推动新型储能产业高质量发展的指导意见》，鼓励企业研发新型储能技术并投资建设储能设施。对于配备储能系统的清洁能源项目，给予额外的补贴和贷款优惠。通过政策激励，引导电力公司在风电和光伏项目中配套储能设施，提升清洁能源的稳定性和消纳能力。

（三）绿色低碳循环经济体系逐步建立健全

2021 年 12 月，广东印发《关于加快建立健全绿色低碳循环发展经济体系的实施意见》，提出到 2035 年，碳排放达峰后稳中有降，率先建成绿色低碳循环发展经济体系。绿色低碳循环发展经济体系充分吸纳了循环经济“3R 原则”，即减量化、再利用、资源化，要求在生产和生活中推动资源的循环利用。

在生产领域，广东不断探索资源高效利用和绿色转型的新路径。2022 年出台的《广东省循环经济发展实施方案》，在产品设计、企业生产、园区建设等方面提出了任务要求。2024 年出台了《广东省加快构建废弃物循环利用体系行动方案》，旨在推进废弃物循环利用体系的建立。在一些钢铁和机械制造企业，生产过程中产生的金属碎屑和废料不再是“一扔了之”，而是经过处理后作为新材料再次投入生产，实现了金属的循环利用。“闭环”生产方式，提升了资源的利用效率，也让企业在绿色转型中走得更加稳健。

在生活领域，广东通过垃圾分类和资源化利用，打造绿色生活新方式。以广州和深圳为首的试点城市，率先启动全覆盖的垃圾分类行动，让它们从源头就走上各自的资源化之路。广州垃圾分类的成效尤为显著。智能垃圾分类机的“登场”，让居民有了科技感满满的分类体验。扫码投放垃圾、自动积分计算，这些智能化设计让扔垃圾成了一件方便快捷、充满科技感的小事。广东还在生活垃圾的末端处理上“狠下功夫”，采用垃圾焚烧发电技术将不可回收垃圾转化为清洁电力，为城市运转提供源源不断的绿色能量。焚烧后的残渣还会进一步处理，用于制砖、铺路材料，实现资源的全方位利用。

链接

福山循环经济产业园

碧水蓝天，青山环绕，福山循环经济产业

园镶嵌在广州的绿意间，为这座超大城市的绿色发展书写了生动注脚。作为国内综合处理能力最大、固废处理类别最齐全的循环经济产业园，福山园区以降碳减污扩绿为目标，为绿美广东贡献“广州样板”，让市民切实感受到自然之美、生态之美、生活之美。

怎么处理超大城市固体废弃物？面对超大城市固体废弃物处置的难题，福山循环经济产业园创新提出“焚烧为主、生化为辅、循环利用”的生活垃圾处理模式，每天处理1.26万吨固体废弃物，减少碳排放约2000吨。在园区内，废弃物被转化为热能、电能、气体等资源，实现热、电、气供应的协同联动。园区依托绿色循环体系，提高了资源利用效率，降低了环境负荷，为推动广州绿色低碳发展提供了可借鉴的范例。

如何以绿色惠及居民？福山园区探索出能源循环共享的生动实践，用循环经济理念赋能城市发展。园区每年上网电量足以满足广州市40万户居民一年的用电需求，无须额外能源供给，实现了“废物变资源”的高效闭环。园区通过增加就业岗位和发展相关产业，解决了周边居民的生计问题，将“邻避效应”转化为“邻利效应”。生态环境的“高颜值”与经济发展的“高质量”在这里双轮驱动，为广州的绿色转型注入强劲动能。

如何推动循环经济与文旅结合？福山园区大胆创新，将“循环经济产业园”与“生态景观公园”融为一体，首创国内首个集环保、观光、教育于一身的绿色示范基地。园区打造国家AAA级旅游景区，让垃圾分类不再是冷冰冰的口号，而成为全民热衷的“新时尚”。

福山循环经济产业园是一座充满生命力的“绿色工厂”，更是一座通向未来的“生态之桥”。从绿色低碳转型到资源共享，从垃圾分类到全民参与，福山园区用行动诠释了什么是可持续发展的“硬科技”和“金钥匙”。

（四）碳管理的创新实践

碳管理是推动碳减排的基础，广东在碳交易、碳标签、碳足迹等领域持续创新，逐步走深走实。

广东通过碳市场为绿色低碳发展注入强大动力。2013 年广东碳市场在全国率先起步，并以十年如一日的深耕和创新，成为国内碳交易试点的领头羊。2023 年出台《广东省碳交易支持碳达峰碳中和实施方案（2023—2030 年）》，标志着广东碳市场的全面升级。广东碳市场原本覆盖钢铁、水泥、石化、造纸、航空等高排放行业，而随着新政策的出台，陶瓷、数据中心、港口等新兴行业也正式纳入碳市场，并鼓励纺织、机场等行业企业自愿参与。截至 2024 年 6 月底，广东碳市场已经顺利完成了第十个履约期，累计成交量达到了 2. 27 亿吨，累计成交金额达 65. 26 亿元，保持全国区域碳市场中的领先地位。

广东率先实施“碳普惠”机制。所谓“碳

普惠”，是“探索鼓励绿色低碳生产生活方式的普惠性工作机制”的简称，是指为小微企业、社区家庭和个人的节能减碳行为进行具体量化和赋予一定价值，并建立起以商业激励、政策鼓励和核证减排量交易相结合的正向引导机制。截至2023年底，广东碳普惠机制已累计核证减排备案247.46万吨，为参与者带来了5347.94万元的收益，其中来源于贫困地区的减排量为165.67万吨，带来了4015.53万元的收入。

碳标签试点是广东低碳转型的又一创新之举。碳标签是消费者辨识产品碳排放的重要标识。2024年7月，广东正式发布了“广东碳标签”，并已为41家企业签发了46张碳标签证书，其中包括TCL通讯科技控股有限公司和珠海格力电器股份有限公司等知名企业。为了扩大碳标签的影响力，广东还与香港中华厂商联合会在广交会期间签署了《关于共同合作开展粤港碳标签互认合作的谅解备忘录》，并开始制定互认规则文件。未来无论是内地消费者还是香港消费者，都能更便捷地识别绿色产品，做出对环境更加友好的消费选择，为粤港两地的碳标签互通铺平道路。

广东以碳足迹为标尺，在试点区域深化减污降碳协同创新，助力低碳发展。碳足迹就像是“碳排放的体检报告”，帮助企业识别碳排放的源头，为进一步的减排措施提供精准的数据支持。广东于2024年出台《关于建立碳足迹管理体系的实施方案》，组织了企业和机构参与碳足迹评价的应用试点，为碳足迹的推广应用提供了支撑。广州南沙经济技术开发区和深圳龙华区是国家首批减污降碳协同创新试点，也是碳足迹评价的“实战基地”。在试点区域，政府与企业共同探索在工业、制造业等领域实施碳足迹评价的方法，推动碳排放数据的公开化和透明化。

链接

广州首个林业碳普惠项目

梯面镇，这座被称为广州“北肺”的山区小镇，位于花都区的生态保护带上。2020年花都梯面镇公益林碳普惠项目入选自然资源部“生态产品价值实现”典型案例，是广东唯一入选案例。梯面林场守护着1800多公顷的公益林。2018年，梯面镇开发了广州首个林业碳普惠项目，为其他地区提供了示范。

如何精准核算碳汇？梯面镇的碳普惠实践始于严谨的碳减排核算。通过中国质量认证中心的第三方核算，梯面公益林每年每公顷吸收二氧化碳达5吨，远超全省平均水平。核算结果显示，2011至2014年间梯面林场共产生13319吨的碳减排量，并被成功登记至广东碳市场系统。从摸清碳汇家底到量化生态效益，精准是第一步，也是关键一步。精准的数据，体现了梯面公益林的生态价值，更为碳减排量的核证和交易提供了坚实基础。

如何依托碳市场，撬动生态经济？梯面镇的成功离不开广东碳市场的支撑。2018年，通过广东碳市场的竞价拍卖，梯面公益林的碳减排量以每吨17.06元的价格成交，溢价率高达40%，总金额达22.72万元。竞价机制鼓励更多市场主体参与碳交易，不仅让梯面林场获得了实实在在的经济回报，也让碳减排价值得到社会认可。

梯面镇的经验已被复制到清远、韶关、梅州等地区，尤其是在经济欠发达但生态资源丰富的山区，碳普惠为当地带来了绿色发展的新可能。通过“生态+金融”的创新模式，这些地区实现了林业碳汇的经济化转化，增加了农民收入，注入了绿色金融的新活力。

三、他山之石：苏州工业园的绿色“碳”索

在绿色制造的道路上，苏州工业园堪称典范。习近平总书记指出，“保护生态环境就是保护生产力，改善生态环境就是发展生产力，这是朴素的真理。”[①] 苏州工业园始终秉持这一理

① 习近平：《论坚持人与自然和谐共生》，中央文献出版社 2022 年版，第 275 页。

念，坚持绿色转型，将生态优先、绿色发展贯穿制造业全链条。然而在转型过程中，苏州工业园仍然面临产业、能源、资本如何绿色化的问题。通过一系列创新举措，苏州工业园将绿色道路走深走实。

（一）产业“含绿量”如何更上一层楼？

苏州工业园通过聚焦绿色核心领域、构建全链条绿色体系、创新绿色产业政策、加强对外合作等举措，为实现经济与生态双赢注入强劲动力。

苏州工业园紧紧围绕绿色产业的高端环节进行精准布局，以新能源、新材料、节能环保为三大核心方向，推动上下游企业协同发展。截至2023年底，园区已吸引超过500家绿色技术企业入驻，其中包括新能源龙头企业、绿色化工领军企业以及智能制造企业。

苏州工业园以绿色供应链为抓手，将绿色理念贯穿整个产业链条，从生产到流通再到消费，全面实现“链式绿色化”。推动绿色供应链合作，鼓励龙头企业通过协同创新、订单优先等方式，带动中小企业加入绿色发展行列。建设智能物流网络，采用无人驾驶电动货车和节能仓储设备，大幅降低运输和储存环节的能耗。推动形成跨行业、跨企业的资源循环利用网络。

为了吸引绿色产业落地并推动集群化发展，苏州工业园出台了系列精准政策，引领绿色产业集群发展。设立了“绿色企业认定标准”，对于符合绿色生产要求、采用绿色技术、产生绿色效益的企业，给予资金奖励和税收减免。2023 年，超过 100 家企业获得绿色产业补贴，累计发放资金超过 2 亿元。推出“集群创新券”计划，鼓励企业联合高校、科研机构共同研发绿色技术。搭建了多个绿色服务平台，为企业提供资源共享、政策咨询和市场对接服务。2023 年，园区绿色产业联盟举办了 15 场跨行业对接会，促成合作项目 120 余个，涉及绿色技术应用、设备采购和市场开拓等领域，总金额突破 20 亿元。

在绿色产业集群打造中，苏州工业园积极

与国际资源接轨，通过引入国外先进技术和理念，提升集群全球竞争力。园区与德国、日本等绿色经济领先国家的产业园建立合作机制，共享绿色技术和市场信息。打造了绿色产业国际展览会，吸引全球绿色科技企业参展。2023年展会期间，园区企业与国际客户签订合作协议超过50项，总金额达100亿元。

经过多年努力，苏州工业园的绿色产业集群效应已经显现。截至2023年底，绿色产业对园区GDP贡献率达35%，成为园区经济增长的新引擎。

（二）能源体系如何向“绿”而兴？

苏州工业园以绿色能源体系的建设为核心，通过推广可再生能源、优化能源利用效率、创新智慧能源管理等举措，打造清洁低碳、安全高效的能源结构。

可再生能源是绿色能源体系的基石，园区大力推动太阳能、风能等清洁能源的规模化应用。在工业园区内，分布式光伏项目成为一大亮点。企业厂房屋顶被改造成“太阳能发电站”，每年产生的清洁电力可满足生产设备用电需求的30%以上。园区积极探索风能资源的开发与应用，在高层建筑和城市边缘布设小型风电设备。结合实际，开发“风光互补”项目，提升清洁能源的稳定性和综合利用效率。2023年，可再生能源占能源消费总量的比例已突破20%，成为长三角地区的绿色能源先行区。

园区以工业企业为切入点，引入高效设备、升级生产流程，优化能源利用效率，推动节能升级，实现能耗的大幅降低。在公共建筑领域推广节能技术，全面推行绿色建筑标准。政府办公楼安装了智能照明系统和节能空调，每年节能10%以上。引导企业通过数字化平台实时监测能耗数据，精准识别能源浪费点，并针对性调整设备运行模式。为鼓励更多企业加入节能行动，园区定期发布《节能榜样企业案例集》，树立标杆、推广经验。

智慧能源管理是绿色能源体系的“神经中枢”。园区通过建设区域智慧能源管理中心，实现能源的集中调度和精准分配。智慧能源管理中心集成了大数据、物联网和人工智能技术，实时监测园区内企业和居民的用电情况，根据需求动态优化能源供应，减少浪费。大力推广“虚拟电厂”模式，将分布式光伏、储能设备和可控负荷整合为一个虚拟电力调度平台。在电力需求高峰期，虚拟电厂通过调节企业生产用电和储能设备释放电量，有效缓解了电网压力。

从大力推广可再生能源，到提升能源利用效率，再到创新智慧能源管理，苏州工业园以实际行动引领绿色能源体系的构建，每一项落地举措都在为绿色发展积蓄力量，为全国能源结构转型提供了可复制的样板。

（三）资本如何点燃绿色升级“新引擎”？

苏州工业园通过打造绿色专项基金、发行绿色债券、构建绿色金融服务平台等举措，精准赋能企业绿色升级。

园区率先设立了绿色专项基金，不仅聚焦

高科技绿色产业，还覆盖传统产业的绿色改造，充分释放了政策的引导效应。明确绿色专项基金的评审标准，项目申请必须满足节能减排的硬性指标，企业需提供详细的绿色发展规划。“先考核、后支持”的模式，确保资金真正用在刀刃上，实现了经济效益与生态效益的双赢。

园区通过发行绿色债券成功吸引社会资本，助推绿色产业的规模化发展。与传统融资方式不同，绿色债券具有资金成本低、审核周期短等优势，让企业以更快速度获得发展资金。通过完善绿色债券的审核和评估机制，确保债券资金流向清晰、用途合规。每一笔绿色债券发行后，园区金融部门会对其资金使用和环保效益进行跟踪和披露，让绿色债券不仅是融资工具，更成为企业履行环保责任的名片。

面对中小企业在绿色转型中资金不足、技术门槛高的问题，园区创新性地搭建了绿色金融服务平台，集政策咨询、绿色认证和融资对接于一体，为企业提供“保姆式”服务，为企业架起转型“桥梁”。为了进一步提高效率，平台引入大数据和人工智能技术，自动匹配企业需求与金融机构资源。企业只需提交转型计划，系统便会根据其绿色目标推荐最适合的金融产品。数字化模式让融资对接更加精准快捷，大幅提高了绿色金融的效率。

通过绿色专项基金、绿色债券、绿色金融服务平台三驾马车的协同发力，苏州工业园不仅激活了绿色转型的动力源泉，也探索出一条绿色金融助推高质量发展的创新路径，为全国绿色金融建设提供了样板。

四、贯彻落实：绘就绿色低碳发展的广东新画卷

绿色低碳发展是高质量发展的内在要求。虽然广东在绿色低碳发展领域已经取得重要成就，但是绿色创新、绿色制造、循环经济、能源体系、碳管理等领域仍需持续深化改革。为深入贯彻落实党的二十届三中全会关于“健全绿色低碳发展机制”的决策部署，广东可以从

构建绿色技术创新体系、完善绿色制造体系、建立健全绿色低碳循环经济体系、加快规划建设新型能源体系、推广碳管理体系等方面健全绿色低碳发展机制，积极稳妥推进碳达峰碳中和，打造绿色低碳发展高地。

（一）构建绿色技术创新体系

绿色技术创新是推动产业绿色化、绿色产业化的核心驱动力。尽管广东在新能源、节能环保等领域的技术已经有所突破，然而仍然面临原始创新不足，甚至“卡脖子”问题。2024年《广东省培育发展未来绿色低碳产业集群行动计划》的出台，擘画了未来蓝图。

加大研发投入，推动技术攻关。紧紧抓住科技创新这个“牛鼻子”，聚焦基础研究、前沿技术、关键材料、精密工艺等重点领域，实施一系列攻坚行动。重点攻克二氧化碳的高值转化与利用、天然气水合物开发、先进核能等基础研究中的核心问题。努力突破低成本二氧化碳捕集利用与封存（CCUS）、漂浮式大容量海上风电、高性能储能电池、高效光伏技术、低成本可再生能源制氢、生物质燃料等关键技术。依托粤港澳大湾区国家技术创新中心和多家产业创新中心，为高水平技术研究院和重大创新平台提供强力支持，推动大湾区成为全球绿色创新的“策源地”。

重点绿色技术门类

技术门类	技术名称
低碳能源	漂浮式海上风电、高效光伏、新型储能、可再生能源制氢等
CCUS	新型低浓度碳捕集、二氧化碳制淀粉、地质利用与封存设备、二氧化碳监测系统
绿色建筑	装配式建筑、超低能耗建筑
绿色交通	新能源汽车、充电站（桩）、岸电设施、绿色公路

拓展应用场景，加快成果转化。绿色技术的真正价值在于从实验室走向现实应用。首先，技术与产业深度融合。重点推动绿色技术在制造业、农业和交通领域的场景化应用，比如在

制造业推广低碳工艺流程，在交通领域普及绿色燃料。其次，拓展绿色技术的创新领域。在海洋经济领域，鼓励开发波浪能、温差能等技术，并通过试点示范，打造一批“海上综合能源岛”；在老旧社区引入智能光伏和节能设备，让绿色技术惠及千家万户；在乡村推广生物质能转化技术，推动农业废弃物循环利用。最后，加快构建绿色技术孵化体系。设立绿色技术专项基金，为初创企业提供金融支持。打造更多绿色技术孵化器和加速器，聚焦重点领域的技术转化和市场对接。建设绿色产品展示中心和推广平台，为技术应用创造直接的市场机遇。

优化标准体系，提升市场认可度。绿色技术的标准化和认证体系是促进其产业化的重要保障。广东应牵头制定和优化一系列绿色技术应用的地方标准和认证制度，为企业提供标准化的技术应用指南。比如，在绿色建筑材料领域，持续优化和推广节能环保材料的标准规范，对达到要求的产品颁发绿色认证标志，增强市场认可度。在更多产品的生命周期中设置碳足迹、能耗指标等多维度标准，使企业能够更清晰地了解和遵循绿色技术的使用要求。设立绿色技术公共检测中心，为企业提供专业的检测和认证服务，帮助企业快速获得绿色认证，加速绿色技术产品的推广应用。通过严格的标准和认证体系，为绿色技术产品进入国际市场铺路，提升广东企业在全球市场的竞争力。

（二）完善绿色制造体系

在国际竞争加剧，产业绿色升级的背景下，如何进一步完善绿色制造体系是广东亟待解决的重要课题。2023 年 11 月，广东印发《广东省新形势下推动工业企业加快实施技术改造若干措施》，明确支持电力、钢铁、有色、石化等工业企业绿色低碳改造。面向未来，广东可依托绿色升级，完善绿色制造体系。

传统产业的绿色化改造离不开生产制造流程与工艺优化。加快推广绿色生产工艺，采用环保材料替代高污染、高耗能的原料，推广低能耗设备和智能化制造。比如，在纺织和印染行业，引入循环用水系统和低碳染料技术，以减少废水排放和化学污染，显著降低水资源浪费。在金属加工、造纸等高耗能行业，推广节能型机械设备和智能管理系统，从源头减少能源消耗。利用数字技术对生产全过程进行实时监控，实现污染排放的精准控制，使传统产业在绿色化道路上迈出坚实一步。

绿色制造不仅仅是企业内部的事，更需要覆盖上游原材料供应商与下游销售渠道，形成从产品设计、生产制造到消费的全链条绿色管理模式。广东未来可以建立产业链绿色评价标准，对供应商和合作伙伴的环保表现进行评级，从原材料采购到产品包装进行全流程的环保评估。企业不仅在生产环节实现了绿色升级，同时也对供应链条上的企业产生了倒逼作用，促使上下游企业积极进行环保升级。通过创新绿色供应链管理，推广低碳物流和可循环包装，降低运输环节的碳足迹。通过推动供应链绿色化，广东传统产业将为全社会树立绿色发展的典范。

优化绿色制造的考核与激励机制，推动广东绿色制造迈向新高度。加快构建全面科学的绿色生产评估体系，既覆盖节能降耗、污染物排放、资源循环利用等硬指标，也涵盖企业绿色创新能力等软实力，确保考核标准既科学严谨又贴近实际。通过创新激励手段，进一步增强政策吸引力。对节能降耗成效显著、污染物排放持续降低的企业，实行分级补贴和税收减免；对实现绿色技术重大突破的企业，则可优先给予绿色专项资金支持。设立“绿色制造先锋”荣誉体系，将表现卓越的企业纳入绿色发展宣传计划，扩大其行业影响力。探索动态激励机制，建立对标学习平台，促进企业之间的良性竞争，推动绿色制造从“单点示范”走向“全面覆盖”。

（三）建立健全绿色低碳循环发展经济体系

发展是硬道理，绿色是硬要求。在绿色低碳发展的大潮中，面向未来，广东仍需从生产与生活两方面全面发力，全域推进“无废城市”建设，推动绿色低碳循环经济体系从“初步探索”迈向“全链优化”。

在生产领域，打造循环经济产业闭环。推动工业绿色转型，深化“减量化—再利用—资源化”模式，出台更具针对性的政策，鼓励企业在产品设计阶段纳入生命周期管理理念，确保产品在使用结束后能够高效回收与再制造。建立重点行业资源循环利用清单，明确废弃物再利用技术和指标。建设资源循环利用基地，通过集中处理和分级回收，让工业废弃物实现“废物”到“资源”的转变。推广“产业共生”模式，让一个企业的副产品成为另一个企业的原材料，形成闭环生态圈。试点建设“循环经济示范园区”，打造产业链之间的资源流动枢纽，为全省提供标杆样本。探索“绿色建筑+资源循环”模式，推广低碳建材、再生骨料等环保材料的使用，同时建立建筑垃圾集中处理中心，对钢筋、混凝土等材料进行分拣和再加工。

在生活领域，推动全民循环意识与行为养

成。全面普及垃圾分类，推广标准化的垃圾分类设施，对分类投放、运输、处理全流程实现规范化管理。加强农村垃圾分类与资源化处理体系的建设，探索“户分类、村收集、镇运输、县处理”模式，解决城乡垃圾分类发展不均衡的问题。倡导绿色生活方式，在重点城市推广“碳积分”计划，鼓励居民选择步行、骑行、公共交通等绿色出行方式。在广州、深圳等城市，应加大公共交通投入，提高地铁、公交等的覆盖率和便利性，降低私家车使用频率。打造“零碳社区”示范点，推广节能型家电和智慧用电管理系统，让居民在日常生活中感受到绿色科技带来的便利。强化低碳消费理念，推动“买绿色、用绿色”。举办绿色消费节，集中展示环保材料、节能电器等绿色商品，通过电商平台推出“绿色专场”，为消费者提供更多选择。在全省机关单位推广“绿色办公”模式，包括减少纸张使用、推广无纸化会议、鼓励低能耗设备使用等，为社会树立榜样。对于商家和企业，推行绿色包装、循环包装政策，减少塑料制品的使用，全面推动消费端的资源循环与再利用。

（四）加快规划建设新型能源体系

随着能源结构的变化，如何消纳“看天吃饭”的清洁能源，成为广东能源领域的一道难题。从能源供给、电网系统、电力负荷、储能设施四个方面出发，为提升电力系统的灵活性、稳定性和清洁度，广东将加快规划建设新型能源体系，完善发展新型电力系统的体制机制。

夯实清洁能源基础，优化供给格局。广东清洁能源发展的重点在于进一步扩大供给规模和提升能源质量，确保可再生能源真正成为电力系统的主力军。首先，远海风电是清洁能源发展的重要突破口。加快建设漂浮式海上风电场，利用远海风能资源充沛且稳定的优势，通过技术创新和装备升级，将风电的潜力发挥到极致。推动深远海风电装备国产化，降低设备成本，同时优化建设流程，缩短开发周期。其次，分布式光伏是另一个潜力巨大的工作方向。

推动“光伏+”场景的全面落地，在城乡屋顶安装分布式光伏系统，在工业园区打造光伏车棚和光伏厂房，通过整合闲置土地资源实现光伏与农业的高效融合。居民社区可以推广“光伏直供”模式，让居民直接使用绿色电力，从而大幅提升光伏发电的利用效率。

构建智能电网，加速互联互通。推动电网智能化升级，通过大数据、物联网和5G技术的深度融合，建设能够实时监测、精准控制的智能电网体系。在重点区域设立智能配电网管理中心，利用人工智能算法和云计算平台，对清洁电力的输配过程进行实时优化，提高全省电网的输送效率和运行安全性。区域电网互联互通是智能电网发展的重点方向。通过建设省级能源枢纽，将沿海风电、内陆光伏等分布式电力资源无缝接入电网，并通过区域间的电力调度实现资源的最优配置。例如，在珠三角高负荷地区和粤东、粤西风光资源富集区域之间建立高效输电通道，确保新能源电力能够迅速输送到用电需求旺盛的城市中心。微电网和区域能源互联网的探索是提升电网韧性和灵活性的有效路径。在数据中心、工业园区等重点用电区域建设微电网系统，形成分布式能源与电网协同供电的模式。推动智能电网在居民社区的深度应用，为智慧城市建设提供强大的电力支撑。

推动柔性负荷管理，增强用电侧调节能力。充分挖掘柔性负荷的潜力，通过智能化技术和市场化手段实现负荷调节能力的全面提升。首先，推广峰谷电价差的动态调整机制，引导居民和企业主动错峰用电。例如，在电力高峰时段，居民可以通过智能家居系统自动降低非必要电器的运行功率，而在低谷时段充分利用电力资源充电或运行大功率设备，形成用电负荷的动态平衡。其次，将工业园区作为需求响应试点，通过签订灵活用电协议，引导企业在电力紧张时段调整生产排班，从而为电网减轻压力。比如，高耗能企业可以在夜间电价较低时进行集中生产，既降低了成本，也优化了电网的负荷分布。最后，加强智慧用电管理系统的普及，通过智能化手段让负荷调节更加精准高效。在社区和商业楼宇中推广智慧用电平台，通过实时监测和数据分析优化用电结构，提高整体用电效率。在交通领域，推广智能充电桩与电动车的互动技术，根据电网负荷状况动态调整充电速率，为电网提供更大的调节空间。

深化储能布局，打造强力支撑体系。储能是支撑清洁能源高效利用的重要一环。首先，应以电池储能为核心，推动锂电池、钠电池等先进储能技术的研发和应用，在新能源电站、工业园区和社区建立分布式储能设施，提高新能源消纳能力和电力系统稳定性。其次，抽水蓄能和压缩空气储能是广东储能布局的重要组成部分。因地制宜布局抽水蓄能电站，利用地形优势实现大规模储能能力；在沿海地区探索压缩空气储能技术，结合海上风电资源实现清洁能源的高效存储与释放。最后，创新储能商业模式，吸引社会资本参与储能项目开发。例如，推动储能设施的共享化运营模式，让多个用户共同使用储能设备，提高设施利用率，降低单个用户的投资成本。

（五）推广碳管理体系

《中共广东省委关于贯彻落实党的二十届三中全会精神　进一步全面深化改革、在推进中国式现代化建设中走在前列的意见》提出，加快建立能耗双控向碳排放双控全面转型新机制，构建碳排放统计核算体系、产品碳标识认证制度、产品碳足迹管理体系，推进碳排放交易，开展碳达峰试点和减污降碳协同创新。广东在碳交易、碳核算、碳标签、碳普惠等领域一直走在全国前列，面向未来，应进一步赋能低碳，推广碳管理体系。

健全碳交易机制，推动全行业低碳转型。广东作为国内碳市场的先行者，已在碳交易体系建设中走在前列，但未来仍需优化制度设计，全面激发市场潜力。首先，扩大碳交易覆盖行业。探索将化纤、纺织、商贸等行业引入交易体系，优化碳配额的精准分配机制。逐步推动配额分配从免费到有偿的过渡，通过交易机制倒逼高排放企业实施减排改造。其次，丰富碳市场交易品种。探索推出碳期货、碳期权等金融工具，满足企业不同的减排需求。建立跨区域碳市场合作机制，与全国碳市场深度对接，并探索与国际碳市场的互联互通，为广东企业应对欧盟“碳边境调整机制”等国际碳规则提供支撑。最后，强化碳市场监管与服务。推动碳排放数据监测、报告和核查（MRV）体系的智能化升级，确保数据真实可信。

加快能耗双控向碳排放双控的转型。构建碳排放双控目标体系，将全省碳排放强度和总量目标细化到市、县甚至企业层面，为精准管理奠定基础。通过对各行业碳排放基准线的科学测算，制定具有针对性的减排路径，避免“一刀切”的碳减排措施对产业发展造成不必要的冲击。要求重点排放企业全面实施碳排放清单管理，涵盖直接排放（燃料燃烧、工艺排放）和间接排放（用电、用热等）环节，并引导中小企业逐步开展碳排放核算，形成全产业链的碳管理闭环。利用大数据平台和智能化管理工具，建立动态碳排放监测系统，实现对碳排放的实时掌控和动态调控。

推进碳标签认证，培育低碳消费市场。在家电、消费电子、建筑材料等重点领域率先普及碳标签认证，要求企业公开其产品全生命周期的碳排放数据，为消费者提供绿色消费的科学依据。建立全省统一的碳标签认证平台，制定严格的认证标准和监管机制，确保碳标签信息真实可靠。将碳标签产品纳入优先采购范围。政府在办公设备、公共交通工具等方面优先选择低碳标识产品，通过示范带动作用，进一步扩大低碳产品的市场需求。结合粤港澳大湾区的区域优势，深化与香港、澳门碳标签互认机制，推动湾区低碳产品的流通和消费。

创新碳普惠机制，推动全社会低碳参与。在农村地区，将乡村振兴与碳普惠相结合，为偏远山区和生态功能区提供更多低碳发展机会。鼓励农民通过植树造林、种草、保护湿地等方式获得碳减排积分，并将其转化为现金收益或生态补偿资金，推动“绿水青山”向“金山银山”的转化。在城市社区，推广碳积分激励计划。居民通过垃圾分类、节约用电、绿色出行等日常低碳行为积累碳积分，用于兑换公交卡、生活用品等。企业也可通过参与碳普惠项目，提升自身的社会责任形象，同时为减排目标的实现提供有效补充。推动碳普惠与市场机制深度融合。通过与碳交易市场的对接，让更多碳普惠减排量成为交易产品。探索建立区域性碳普惠联盟，促进省内外碳普惠项目的交流与合作，为点“碳”成金提供更多经验。

强化碳达峰试点和减污降碳协同创新，探索可复制推广的示范路径。在广东第一批 48 个碳达峰碳中和试点的基础上，以重点城市和产业园区为载体，选择碳达峰试点区域，制定“一城一策”的减排路径图。在工业领域，推动传统制造业降低污染物和碳排放强度；在交通领域，加速新能源物流车、公共交通的推广，建立低碳交通网络；在建筑领域，实施绿色建筑标准全覆盖，推行既有建筑节能改造。建立健全试点地区的碳排放监测和评估体系，为试点成果的科学验证提供数据支撑。鼓励开展减污降碳协同技术的研究和应用。依托试点的先行经验，总结可推广的减污降碳协同创新模式，为全省及全国的碳达峰路径探索提供实证和参考。通过技术创新和机制创新双轮驱动，广东将在减污降碳协同创新的赛道上跑出加速度，书写实现“双碳”目标的示范答卷。

主要参考文献

1. 《中共中央关于进一步全面深化改革推进中国式现代化的决定》，人民出版社2024年版。

2. 《〈中共中央关于进一步全面深化改革、推进中国式现代化的决定〉辅导读本》，人民出版社2024年版。

3. 《党的二十届三中全会〈决定〉学习辅导百问》，党建读物出版社、学习出版社2024年版。

4. 《习近平谈治国理政》第1、2、3、4卷，外文出版社2018、2017、2020、2022年版。

5. 《习近平著作选读》第1、2卷，人民出版社2023年版。

6. 习近平：《论坚持人与自然和谐共生》，

中央文献出版社 2022 年版。

7.《全面推进美丽中国建设　加快推进人与自然和谐共生的现代化》，新华社 2023 年 7 月 18 日。

8.《十八大以来重要文献选编》（中），中央文献出版社 2016 年版。

9. 冯淑慧：《社会主义生态道德探析》，人民出版社 2022 年版。

后　记

为深入学习贯彻党的二十届三中全会精神，认真落实中共广东省委十三届五次全会精神和要求，充分发挥党校干部培训、思想引领作用，中共广东省委党校（广东行政学院）以“改革再造一个新广东”为丛书名组织校（院）专家学者编写系列教材。其中，本书聚焦“深化生态文明体制改革”的重要部署，系统总结广东的实践探索和主要亮点，借鉴其他地区的特色做法和典型案例，探索以更大魄力和务实行动加快建设美丽广东，形成了本书书稿。

本书由中共广东省委党校（广东行政学院）社会和生态文明教研部副主任蓝强牵头组织编写，来自社会和生态文明教研部的教师共同参与撰写工作，具体分工如下：第一章由岳芳敏教授负责撰写，文习明副教授协助修订；第二章内容以及全书的统稿、修订和最终定稿由蓝强副教授负责，刘明伟副教授协助修订第二章；第三章由朱向东副教授负责撰写，王会讲师协助修订案例；梁武副教授提供《广东茂名露天矿生态公园变形记》案例和修改意见，后记由王盈霏副教授负责撰写，梁明睿老师负责排版、制作目录和审阅全书、修订错别字。本书是在深调研的基础上，集体攻关的成果，在时间紧、任务重的情况下，各位成员潜心钻研、兢兢业业、团结合作，高质量完成了本书的撰写工作。

在本书撰写和出版过程中，中共广东省委党校（广东行政学院）常务副校（院）长蒋达勇同志、校委委员刘朋同志、教务处处长许德友同志组织进行了多轮讨论论证，省生态环境厅、发改委、自然资源厅和林业局提供宝贵材料；中央党校（国家行政学院）李宏伟教授指导修改；中共广东省委党校（广东行政学院）余泽娜教授和李云教授对本书修改指导。在本书付梓之际，谨对他们的辛勤付出表示衷心的感谢！

党的二十届三中全会精神内涵丰富、博大精深，广东作为排头兵、先行地和实验区，在生态文明体制改革方面大胆实践、大胆探索，有许多值得挖掘提炼的好经验、好做法。贯彻落实党的二十届三中全会精神，深化生态文明体制改革，广东将推出系列具体布署。但受水平和时间所限，书中难免有错漏与不当之处，敬请各位读者不吝指正赐教！

本书编写组

2024 年 12 月